LEGENDÄRE JETLINER

AUFBRUCH INS DÜSENZEITALTER

Wolfgang Borgmann

Motor buch Verlag

Einbandgestaltung: Frank Zähringer

Bildnachweis:
Sofern nicht anders vermerkt stammen die Bilder vom Autor bzw. aus dessen Archiv.

Für
Stephanie

ISBN 978-3-613-04018-2

1. Auflage 2017

Sie finden uns im Internet unter
www.motorbuch-verlag.de

Lektorat: Alexander Burden
Innengestaltung: Günther Nord, 69434 Heddesbach
Druck und Bindung: Graspo CZ a.s., 76302 Zlin
Printed in Czech Republic

INHALT

WILLKOMMEN IM ZEITALTER DER LEGENDÄREN JETLINER

EINLEITUNG

Willkommen im Zeitalter der legendären Jetliner. »Fliegen ist für alle da« lautete bereits in den 70er-Jahren ein Werbeslogan der deutschen Ferienfluggesellschaft LTU. Doch erst die heutigen Billigfluglinien haben uns Europäern tatsächlich die sprichwörtlichen Flügel verliehen. Über das Wochenende nach Rom, zum Sektfrühstück nach Paris – und das alles zu Ticketpreisen, die günstiger sind als die Bahnfahrkarte für die Anreise zum Airport. Sinn und Unsinn bleibe hier mal außenvor.

Zwischen den zaghaften Anfängen des Düsenluftverkehrs und dem heutigen Einsatz des Jetliners als Massenverkehrsmittel liegen gerade einmal 65 Jahre. Um ein Gefühl dafür zu bekommen, wie sich die exklusiven Jet-Passagiere der ersten Stunde fühlten, lohnt es, historische Airline-Werbefilme anzuschauen. Da freuen sich gestandene Männer wie Kinder, dass auf den Klapptischen einer Boeing 707 aufgebaute Kartenhäuser nicht sofort wieder in sich zusammen fallen, oder an Bord einer »Comet« auf dem Rand balancierte Geldstücke das Gleichgewicht halten. Dies mag von den Werbefilmern der Fluglinien überzeichnet gewesen sein, doch bestätigen damalige Flugreisende den gefühlten Quantensprung der vergleichsweise leise und vibrationsfrei dahingleitenden Jets gegenüber den wackeligen, rüttelnden und lauten Proplinern. Plötzlich war das Fliegen nicht nur ein notwendiges Übel, um schnell von ‚A' nach ‚B' zu gelangen – sondern es machte Spaß!

Dank der Jets war es erstmals möglich, fast mit Schallgeschwindigkeit zwischen den Kontinenten zu pendeln, und dies in einer Flughöhe, die weit über den Wolken und den damit verbundenen Turbulenzen lag. Stapelten sich nach einem Langstreckenflug in einer Lockheed »Super Constellation« noch die Spucktüten bis zur Kabinendecke in den Toiletten, wie sich damalige Stewardessen der Lufthansa erinnern, wurden Flugreisen dank des neuen Jetantriebs erstmals zu einem recht entspannten Vergnügen.

Und noch einen positiven Effekt hatte die »Düse«: die Airlines konnten ihre Flotten wesentlich effektiver nutzen, mehr Fluggäste transportieren, und dadurch die Flugpreise senken. Die 1952 eingeführte »Tourist Class« wurde an Bord der Düsenflugzeuge zum Verkaufsschlager, und die Welt schrumpfte für immer mehr Menschen zu einem globalen Dorf zusammen.

Bis zum Zeitalter der Großraumjets, das 1969 mit dem Boeing 747 »Jumbo Jet« begann, galt das Fliegen auf der Langstrecke als Synonym für Luxus und war selbst in der günstigeren Klasse für die meisten Europäer und Nordamerikaner unbezahlbar. Die Fluggasttreppen mutierten rund um den Globus zur Bühne der »Jet-Set« Stars und Sternchen, die sich allzu gerne von den Fotografen vor den legendären Jetlinern

Eine Flugbegleiterin der Scandinavian Airlines lädt zum Flug mit dem legendären Jetliner Douglas DC-8 ein. (SAS)

ablichten ließen. Und was wären die frühen James Bond-Filme ohne die glamourösen Szenen, in denen »007« einer eleganten Vickers VC10 der BOAC in exotischen Ländern entsteigt. Natürlich ohne vom »Jet-Lag« gezeichnet zu sein, wie es jeder »normale« Fluggast wäre. Nomen est Omen, brachten die schnellen Düsenflugzeuge beim Sprung über die Zeitzonen erstmalig die inneren Uhren ihrer Passagiere so gehörig durcheinander, dass sich dieser Begriff schnell zum Synonym für die Zeitumstellung etablierte. Ein Flug zwischen Deutschland und den USA, der in der Propeller-Ära inklusive zweier Tankstopps rund 24 Stunden dauern konnte, nahm dank des Strahlantriebs nun weniger als die Hälfte in Anspruch. Dies ließ dem Körper keine Zeit, sich langsam an die neue Zeitzone des Zielortes anzupassen.

Der Düsenantrieb gehört zu jenen Erfindungen der Menschheit, deren Zeit reif war. Anders ist es nicht zu erklären, dass der deutsche Konstrukteur Joachim Pabst von Ohain sowie sein britischer Konterpart Frank Whittle parallel, und ohne voneinander zu wissen, die ersten Strahlantriebe entwickelten. Als sich das von Pabst von Ohain entworfene Heinkel He S 3 B-Triebwerk mit einem tiefen Grollen an der Warnow-Mündung bei Rostock ankündigte, forschte Whittle noch an seinem Entwurf, der erstmals 1941 in einer Gloster E.28/39 zum Einbau gelangte.

Der Verdienst, das erste einsatzbereite Jet-Triebwerk der Welt entwickelt zu haben, gebührt daher Pabst von Ohain. Sein Motor kam erstmals am 27. August 1939 beim Versuchsflugzeug Heinkel He 178 V1 zum Einsatz, das an jenem Tag mit Flugkapitän Erich Warsitz am Steuer zum ersten Testflug startete. Das Düsenzeitalter war fortan nicht mehr aufzuhalten!

Es war, als hätte die Welt auf »den Jet« gewartet. Waren es zunächst Militärmaschinen, folgte gegen Ende der 40er-Jahre der zivile Luftverkehr. Weltberühmt wurde das Experimentalflugzeug Vickers »Nene Viking«, als es am 6. April 1948 mit 24 Gästen an Bord in 34 Minuten und sieben Sekunden von London-Heathrow aus zum Militärflugplatz Paris-Villacoublay flog. Damit halbierte die »Nene Viking« nicht nur die sonst übliche Flugzeit eines Propliners – sondern vollbrachte dies auch noch am 39. Jahrestag der Kanalüberquerung durch Louis Blériot.

Zu Beginn der 50er-Jahre waren sich die britischen Konstrukteure ihrer Sache so sicher, dass sie es wagten, mit der de Havilland »Comet 1«, das erste in Serie gebaute Düsenverkehrsflugzeug der Welt in den Liniendienst zu schicken. Nun konnte erstmals jeder, der es sich leisten konnte, einen Flug mit einem Jetliner unternehmen. In einer reinen First Class-Ausführung mit nur 36 Sitzplätzen und allem erdenklichen Komfort ausgestattet, flogen die ersten »Comet« auf der Kolonial-Route zwischen London und Südafrika. Die extrem hohen Flugpreise limitierten die Klientel dieser ersten Jet-Routen meist auf Diplomaten, Vertreter der britischen Krone in den damaligen Kolonien sowie Handelsreisende.

War die »Comet 1« noch mit einem leistungsschwachen de Havilland »Ghost«-Triebwerk mit einem komplexen Radial-Verdichter ausgerüstet, folgten fortan im zivilen Flugzeugbau ausschließlich Axial-Motoren, deren Verdichter-Schaufeln wie auf einer Perlenkette hintereinander auf der zentralen Welle angeordnet sind. Berühmte Beispiele dafür sind das Rolls-Royce »Avon« sowie das US-amerikanische Pratt & Whitney J-57- / JT3-Triebwerk. Spielte Deutschland während des Zweiten Weltkriegs noch eine Führungsrolle bei der Jet-Entwicklung, war dies Deutschen nach dem Krieg zunächst verboten – und Großbritannien, die USA sowie Russland trieben die weiteren Entwicklungen voran.

Was für den Triebwerksbau galt, traf auch auf die aerodynamische Grundlagenforschung für den Flug nahe der Schallgeschwindigkeit zu. In einem Geheimlabor bei Braunschweig fanden die Alliierten nach Ende des Zweiten Weltkriegs jene Forschungsergebnisse über das Pfeilflügel-Design, die zur Basis der erfolgreichen Jets der Nachkriegszeit werden sollten. Auf Basis der deutschen Berechnungen baute Boeing nicht nur die B-47 als ersten Pfeilflügelbomber mit Düsenantrieb der USA, sondern auch alle nachfolgenden, zivilen Jet-Muster.

Mit ihren ersten Jets stießen die Konstrukteure in unbekanntes technisches Terrain vor. Eine metallene Röhre voller Passagiere in 12 km Höhe, bei minus 60°C Außentemperatur, fast mit Schallgeschwindigkeit durch die Luft zu jagen, ist an sich schon ein Wagnis – ohne belastbare Erfahrungswerte jedoch im Zweifelsfall auf fatale Weise unkalkulierbar. So geschehen bei der »Comet 1«, deren Zelle, ungeachtet aller konstruktiven Sicherheitsmargen, im Flug versagte.

»In allem Schlechten liegt auch etwas Gutes«, sagt man, und so lieferte der Unfallbericht der britischen Untersuchungskommission jene konstruktiven Antworten und Empfehlungen, die entscheidend mit dazu beitrugen, dass das Verkehrsflugzeug heute das sicherste aller Transportmittel ist!

Nach diesem »Comet«-Drama des Jahres 1954 gab Sir Geoffrey de Havilland nicht auf, und transformierte das ursprüngliche Design der D.H. 106 zu einem sicheren und wirtschaftlichen Düsenverkehrsflugzeug, das nur wenige Jahre später die Ehre der britischen Luftfahrtindustrie rettete. Denn keine amerikanische Boeing oder Douglas, sondern eine de Havilland »Comet 4« der British Overseas Airways Corporation eröffnete am 4. Oktober 1958 das Jet-Zeitalter über dem Nordatlantik. Die amerikanische Pan American folgte erst 22 Tage später mit ihrem Premierenflug einer Boeing 707-120 zwischen den USA und Europa.

Am 17. Juni 1955 ging mit der Tupolew Tu-104 hinter dem damaligen »Eisernen Vorhang« erstmals ein Passagierjet an den Start, dessen westliche Premiere am 22. März 1956 zu einem Chaos am London Airport führte. Fotografen und Schaulustige auf dem Vorfeld sowie hinter dem Flughafenzaun zeigten sich an jenem Tag genauso von dem sowjetischen Jet beeindruckt wie die Fachwelt. Am 15. September 1956 eröffnete eine Tu-104 auf der Strecke Moskau – Irkutsk die erste »nachhaltige« Linienverbindung eines Jetliners, der nicht nach nur wenigen Monaten wieder »gegroundet« wurde. Ihrerseits aus dem Tu-16 Bomber abgeleitet, war die Tu-104 Basismodell der danach folgenden Tu-124 und Tu-134.

Immer wieder ist zu hören, dass die sowjetische Luftfahrtindustrie ihre Produkte von westlichen Typen abgekupfert habe. Nicht selten schwingt dabei der Vorwurf mit, dass Industriespionage dabei eine wesentliche Rolle spielte. Schaut man sich jedoch das Design der sowjetischen Maschinen genauer an, erinnert bei näherer Betrachtung einer Tupolew Tu-134 nur wenig an eine Douglas DC-9 mit ähnlichem T-Leitwerk. Gleiches gilt für eine Boeing 727 im Vergleich zur Tu-154. Während die westlichen Muster fast fragil wirken, und für den Betrieb von befestigten Pisten ausgelegt waren, mussten sich ihre sowjetischen Pendants auch unter extremen operativen Bedingungen in Eis und Schnee, teils von provisorischen Schotterpisten aus operierend, tagtäglich beweisen.

Beim Überschall-Luftverkehr ging die sowjetische Luftfahrtindustrie sogar prestigeträchtig mit der Tupolew Tu-144 in Führung, als Testpilot E.V. Yelian und seine Crew am 31. Dezember 1968 zum Erstflug in Moskau starteten. Dies zwei Monate vor dem Prototyp 01 der britisch-französischen »Concorde«, der erstmals am 2. März 1969 im französischen Toulouse abhob. Wie im Westen, so erwies sich auch in der UdSSR der Überschall-Luftverkehr als Irrweg, und konventionellere Muster traten schon nach wenigen Jahren wieder in den Vordergrund. Darunter befand sich jedoch kein sowjetischer Jet in der Kategorie der Boeing 747 – des legendären »Jumbo Jets«.

Was unter der Leitung des Boeing-Ingenieurs Joe Sutter Mitte der 60er-Jahre in Seattle Formen annahm, sollte selbst das Vorstellungsvermögen des Erstkunden Pan American sprengen. So reisten die leitenden Boeing-Fachleute mit einer langen Schnur zum Pan Am-Firmensitz in New York. Zum Erstaunen der Airline-Manager spannten sie diese von Wand zu Wand quer durch den imposanten Konferenzraum des Pan Am-Vorstandes. »Das ist der Rumpfquerschnitt der neuen 747«, ließ das Boeing-Team Pan Am Präsident Juan Trippe wissen. Hatten Trippe und sein engster Vertrauter, John Borger, zuvor noch einem schmalen, doppelstöckigen Entwurf, mit zwei kleinen, übereinander liegenden Kabinen den Vorzug gegeben, zeigten sie sich von den Möglichkeiten des gigantischen 747-Kabinenquerschnitts begeistert. Wenn man so möchte, hing das Design der Boeing 747 an jenem Tag sprichwörtlich am seidenen Faden!

Die ersten 747-Passagiere waren angesichts der bis dato im zivilen Flugzeugbau ungekannten Dimensionen begeistert. Über eine Wendeltreppe erreichten First Class-Gäste die eine Etage darüber befindliche Lounge – direkt hinter dem Cockpit. Die meisten 747-Kunden der ersten Stunde hatten den markanten »Buckel« der 747 mit einer Bar und bequemen Sesseln eingerichtet. Pan American hingegen lud eine begrenzte Zahl an First Class-Gästen aus der Hauptkabine während des Fluges zum Dinner über den Wolken in das Oberdeck ein. Ein unvergessliches Erlebnis für jeden, der diesen Luxus miterleben durfte. Das Flugerlebnis an Bord der Pan Am »Jumbos« war so exklusiv und außergewöhnlich, dass es selbst heute noch in einem mit originalen Pan Am 747-Sitzen und Kabinenwänden ausgestatteten Mock-up in Los Angeles beim Dinner auf »Flughöhe Null« nachempfunden werden kann.

Die Lufthansa hatte ihre ersten Boeing 747-130 mit insgesamt 365 Plätzen ausgestattet. 32 First Class-»Senatoren«, und 333 Gäste in der Economy-Class, konnten anfangs das beeindruckende Flugerlebnis an Bord der 747 genießen. Doch im Laufe der Jahre verlor das Fliegen bei allen Airlines, und nicht nur an Bord der »Jumbo Jets«, allmählich an Glanz. Der steigende Kerosinpreis und der permanente Wettbewerbsdruck zwangen die Fluglinien, mehr Sitze in ihre Flugzeuge einzubauen, um deren Effizienz, und somit den Ertrag, zu steigern. Als erste Maßnahme erhöhten die meisten 747-Betreiber die Sitzanzahl pro Reihe in der Economy-Class von zuerst »drei-vier-zwei«, auf die heute üblichen zehn Plätze in einer »drei-vier-drei« Konfiguration. In einem nächsten Schritt wich die Lounge im Oberdeck normalen Business Class- oder Tourist Class-Kabinen. Das Flugzeug hatte sich zum Massenverkehrsmittel fortentwickelt. Und so war der Ersatz der Lounges im 747-Oberdeck nicht nur ein Verlust an Exklusivität für die damals fliegenden Passagiere. Vielmehr ging damit auch jene Ära unwiederbringlich zu Ende, als das Fliegen noch ein ganz besonderes Erlebnis war.

Während in den USA mit der 747 »think big« als Devise galt, startete die Serienproduktion von Düsenverkehrsflugzeugen in Deutschland nach dem Zweiten Weltkrieg ganz bescheiden mit einem kleinen Jet aus Hamburger Fertigung. Der HFB 320 »Hansa Jet« konnte zwar nur maximal zwölf Fluggäste in einer »Commuter« Airline-Version transportieren, und war auch kein kommerzieller Erfolg. Allerdings sammelten die Konstrukteure und Marketing-Experten der Hamburger Flugzeugbau GmbH mit diesem Muster jene unverzichtbare Erfahrung, die sie beim darauf folgenden Airbus-Programm in die Waagschale werfen konnten. So wurde Hamburg-Finkenwerder zunächst deutscher Airbus-Produktionsstandort und ab 1992 auch zweite Airbus-Endmontagelinie. »Small is beautiful« galt im Fall des »Hansa Jets« als das richtige Rezept, um große Dinge zu bewirken. Die Bedeutung der HFB 320 für den Luftfahrtstandort Hamburg herauszustellen ist Ansporn des gemeinnützigen Vereins ‚Ein HANSA JET für Hamburg e.V.' (www.hansajet.org), der derzeit eine HFB 320 als Vereinsflugzeug flugfähig restauriert. Der dann einzige wieder fliegende »Hansa Jet« soll künftig als Traditionsflugzeug für den Luftfahrtstandort Hamburg im In- und Ausland werben.

Steigen Sie ein, lehnen Sie sich zurück, und lassen Sie sich zu einer Reise durch die Geschichte der legendären Jetliner entführen. Jene faszinierenden ersten Jets, die den Weg zum heutigen Luftverkehr ebneten.

Wolfgang Borgmann
Oerlinghausen, im Sommer 2017

Man sah der schnittigen Convair CV 990 förmlich an, dass sie für besonders hohe Reisegeschwindigkeiten konzipiert war. (Swissair)

ERLÄUTERUNG ZU DEN TYPENBLÄTTERN

Die technischen und geschichtlichen Details der einzelnen Flugzeugmuster beruhen ausschließlich auf Informationen, die sich in historischen Angaben der Hersteller sowie der damaligen Fluglinien finden. Diese können daher von Informationen abweichen, die auf diversen Internetseiten nachzulesen sind. Trotz gewissenhafter Recherche war es in Einzelfällen nicht möglich, zwei verlässliche Quellen mit den identischen Fakten zu identifizieren. Das betrifft beispielsweise die Zahl der produzierten Jetliner oder Nachkommastellen bei einzelnen Spannweiten bzw. Längen. In Zweifelsfällen ersetzen ‚zirka'-Angaben eine genaue Zahl. Das gilt auch für die Reichweiten und Reisegeschwindigkeiten, die stark von Nutzlast, getanktem Treibstoff sowie den Wetterbedingungen eines Fluges abhängen und daher variieren. Generell gilt, dass für sämtliche Details die glaubhaftesten historischen Quellen für dieses Buch herangezogen wurden.

Alle Fotos und Dokumente ohne Quellenangabe entstammen der luftfahrthistorischen Sammlung des Autors.

DIE 40ER-JAHRE

Diese Aufnahme entstand im Juli 1951 während eines Strecken-erprobungsfluges des de Havilland D.H. 106 »Comet«-Prototypen G-ALZK am Flughafen der südafrikanischen Hauptstadt Johannesburg. (Transnet Heritage Foundation)

PROGRESS

The Vickers "Nene/Viking"

the first all-jet airliner in the world to fly

powered by

ROLLS-ROYCE
Aero
ENGINES

ROLLS ROYCE LIMITED DERBY

DER ERSTE JETLINER DER WELT

VICKERS 618 »NENE VIKING«

Obgleich nur die äußeren Kolbenmotoren der Avro »Nene«-Lancastrian durch Jets ersetzt wurden, gab sie im Jahr 1946 bereits einen Vorgeschmack auf das bevorstehende Jet-Zeitalter. Zwei Jahre später flog die Vickers 618 als das erste Düsenverkehrsflugzeug der Welt, das allein mit dem neuen Strahlantrieb ausgestattet war. Die »Nene Viking« war nur ein umgerüstetes Propellerflugzeug, das ausschließlich für Testflüge des neuen Düsenantriebs verwendet wurde, doch zudem ein vollständig mit Passagierkabine ausgestatteter Airliner, der zuvor als 107. Flugzeug die »Viking«-Endmontagelinie in Weybridge verlassen hatte. Die ursprünglichen Bristol »Hercules« 634 Kolbenmotoren wichen zwei Rolls-Royce »Nene« 1 Turbojets. Dies bedingte den Einbau völlig neu konzipierter Verkleidungen und ein angepasstes Hauptfahrwerk mit vier Fahrwerksbeinen, die seitlich der Triebwerksgondeln einfuhren. Wegen der hohen Temperaturen des Jet-Gasstrahls mussten zudem die dahinter liegenden, vorher mit Stoff bespannten Höhenruder mit einer Metall-Legierung beplankt werden. Neu dazu kamen außerdem eine dickere Beplankung der Tragflächen und ein den Jets angepasstes Treibstoffsystem.

Am 6. April 1948 hob Vickers-Cheftestpilot J. » Mutt« Summers zum Erstflug der vom britischen Beschaffungsministerium bestellten »Nene Viking« am Werkflugplatz Wisley bei London ab. Weltberühmt wurde dieses Flugzeug, als es am 25. Juli 1948 mit 24 Gästen in 34 Minuten und sieben Sekunden von London-Heathrow aus zum Militärflugplatz Paris-Villacoublay flog. Damit halbierte die »Nene Viking« nicht nur die sonst übliche Flugzeit eines Propliners – sondern vollbrachte dies auch noch am 39. Jahrestag der Kanalüberquerung durch Louis Blériot. Ein sinnbildlicher Beleg für den massiven Fortschritt im Flugzeugbau der damaligen Zeit!

Sechs Jahre diente sie als Forschungsflugzeug. Nach dem Verkauf an Eagle Aviation wurde sie zum Vickers »Viking« 1B Propellerflugzeug mit Kolbenmotoren zurückgerüstet. Dort ging sie am 24. September 1954 mit dem Taufnamen »Lord Dundonald« als Frachter in Dienst – und nichts erinnerte mehr an ihre spannende Vergangenheit.

HERSTELLER	VICKERS-ARMSTRONGS AIRCRAFT LTD., WEYBRIDGE / WISLEY, GROSSBRITANNIEN
ERSTFLUG	06.04.1948
GEBAUTE EXEMPLARE	1
SPANNWEITE	27,20 m
LÄNGE	19,86 m
HÖHE	5,94 m
MOTOREN	2 X ROLLS-ROYCE »NENE« 1-TURBOJETS
REISEGESCHWINDIGKEIT	Ca. 630 km/h
REICHWEITE	555 km
BESATZUNG	2 (COCKPIT)

Diese Aufnahme der Tudor 8 im Flug zeigt die Anordnung der vier Rolls-Royce »Nene« 5-Triebwerke in je zwei Gondeln, die bündig unter den Tragflächen montiert waren.

FLIEGENDES FORSCHUNGSLABOR

AVRO 688 »TUDOR 8«

Die Avro Tudor 8 war ein mit vier Rolls-Royce »Nene«-Strahltriebwerken ausgestatteter Umbau einer Propellermaschine des Typs Tudor IV, die ihrerseits aus dem zweiten Prototypen des Musters Avro 688 entstanden war. Im Gegensatz zur Avro 706 »Ashton«, die ebenfalls als Jet-Erprobungsträger auf die »Tudor« zurückgeht, behielt die Tudor 8 ihr ursprüngliches Spornradfahrwerk und markantes Seitenleitwerk.

Die einzige gebaute Tudor 8 startete am 6. September 1948 am Avro-Werksflugplatz Woodford zu ihrem Erstflug – und damit rund ein Jahr vor dem ersten in Serie gebauten Strahlverkehrsflugzeug des Typs de Havilland D.H. 106 »Comet«. Bereits zwei Tage später wurde sie der interessierten Öffentlichkeit im Rahmen der »Society of British Aerospace Companies Air Show« in Farnborough vorgeführt, die damals vor allem als Aushängeschild der britischen Luftfahrtindustrie galt.

Bis zu ihrer Ausmusterung und nachfolgenden Verschrottung im Jahr 1951 stand die Tudor 8 in Diensten der britischen Luftfahrt-Forschungsinstitute in Boscombe Down und Farnborough. Dabei wurden überwiegend Tests der neuen Roll-Royce Jet-Motoren in großen Flughöhen durchgeführt.

HERSTELLER	A.V. ROE & COMPANY LTD., WOODFORD, GROSSBRITANNIEN
ERSTFLUG	06.09.1948
GEBAUTE EXEMPLARE	1
SPANNWEITE	36,58 m
LÄNGE	32,18 m
HÖHE	7,39 m
MOTOREN	4 X ROLLS-ROYCE »NENE« 5
REISEGESCHWINDIGKEIT	Ca. 700 km/h
REICHWEITE	Ca. 2.700 km
BESATZUNG	5 (COCKPIT)

Großes Interesse weckte 1951 der Besuch des D.H. 106-Prototypen in Johannesburg. (Transnet Heritage Foundation)

GROSSBRITANNIEN ERÖFFNET DAS JETZEITALTER

DE HAVILLAND D.H. 106 »COMET 1«

Es ist aus heutiger Sicht nur schwer nachzuvollziehen, vor welche enormen Herausforderungen sich die »Comet«-Konstrukteure in den 40er-Jahren gestellt sahen. Was auch immer sie für den ersten in Serie gebauten Ziviljet planten, sie betraten damit absolutes Neuland. Das betraf einerseits die Bauweise des Airliners, der in einer Flughöhe von rund 12 km operieren sollte, andererseits aber auch ganz praktische, flugbetriebliche Themen. So beispielsweise die Navigation, Flugsicherung, Meteorologie oder Bodenabfertigung eines Flugzeugs, das im Vergleich zu allen anderen Verkehrsflugzeugen seiner Zeit fast doppelt so schnell und doppelt so hoch flog. Nicht zuletzt war die »Comet« der erste, mit Kerosin betriebene Airliner. Vergleicht man die Treibstoffsorten des Luftverkehrs mit dem Pkw, so entspricht Kerosin dem Diesel, während Avgas für Kolbenmotoren das Benzin der Luftfahrt ist. Die ausreichende Bereitstellung des für die vier »Ghost«-Gasturbinen benötigten Flugtreibstoffs an den D.H. 106 Destinationen und Ausweichhäfen war eine immense logistische Herausforderung für die Erstkunden der »Comet«.

HERSTELLER	DE HAVILLAND, HATFIELD, GROSSBRITANNIEN
ERSTFLUG	27.07.1949 (PROTOTYP)
GEBAUTE EXEMPLARE	21 (INKLUSIVE SERIE 1A)
SPANNWEITE	35,00 m
LÄNGE	28,35 m
HÖHE	8,65 m
MOTOREN	4 X DE HAVILLAND »GHOST« 50 MK.1
REISEGESCHWINDIGKEIT	Ca. 790 km/h
REICHWEITE	Ca. 2.400 km
BESATZUNG	3-5 (COCKPIT)

Als das so genannte »Brabazon-Komitee« zwischen dem 23. Dezember 1942 und 9. Februar 1943 tagte, wurde in langen Diskussionsrunden zwischen Vertretern der britischen Regierung, der nationalen Fluglinien sowie der Flugzeughersteller in den Grundzügen definiert, welche zivilen britischen Flugzeugprojekte in der herbeigesehnten Nachkriegszeit an den Start gehen sollten. Lord Brabazon of Tara war nicht nur britischer Verkehrsminister und für die Flugzeugproduktion des Landes unter Premier Winston Churchill verantwortlich, sondern auch Vorsitzender des nach ihm benannten Komitees. Als erster Inhaber einer britischen Fluglizenz, die ihm am 1. März 1910 vom Royal Aero Club verliehen wurde, lag ihm die Entwicklung der Luftfahrt besonders am Herzen. Und so verwundert es nicht, dass seine Privatlimousine das Kennzeichen »Fly1« zierte!

Aus den ersten Entwürfen eines kleinen, schwanzlosen »Entenflüglers«, vom Brabazon-

Komitee »Type IV« genannt, der anfangs für den Transport von 454 Kilogramm Post und maximal sechs Passagieren über den Nordatlantik konzipiert war, reifte das »Comet«-Konzept kontinuierlich bis 1945 weiter heran. Der zunächst geplanten Weiterentwicklung des D.H. 100 »Vampire«-Kampfjets, angetrieben von drei de Havilland »Goblin«-Jetmotoren, folgte ein etwas größerer, mit vier »Ghost«-Triebwerken ausgestatteter Entwurf für maximal 24 Passagiere in der Größe einer Douglas DC-3. Aber auch diese Idee schien den de Havilland-Konstrukteuren schon bald als zu klein. Planten sie doch das volle Leistungspotential ihres »Ghost«-Triebwerkmusters auszuschöpfen.

Sir Geoffrey de Havilland und sein Chefkonstrukteur R.E. Bishop beabsichtigten, zunächst die in Deutschland nach Ende des Zweiten Weltkriegs erbeuteten Erkenntnisse über den Schnellflug mit stark gepfeilten Tragflächen bei der »Comet« umzusetzen, die nun ohne Höhenleitwerk im Heck auf den Zeichenbrettern der de Havilland Konstruktionsabteilung in Hatfield Gestalt annahm. Um dieses Konzept eines so genannten »schwanzlosen Flugzeugs« in der Praxis zu testen, baute de Havilland den D.H. 108 Versuchsträger, der im Mai 1946 erstmals flog.

Diese Flugtests, mit dem stark an die Messerschmitt Me 163 erinnernden Erprobungsträger, gaben R.E. Bishop und seinem Team die Gewissheit, dass die Zeit für ein so fortschrittliches Flugzeugdesign noch nicht gekommen war. Die Umsetzung des schwanzlosen Flugzeugs hätte viele Jahre zusätzlicher Entwicklungsarbeit erfordert, die sich de Havilland nicht zugestehen wollte – und konnte. War doch geplant, einen einsatzfähigen Prototypen direkt vom Zeichenbrett aus zu fertigen, und nicht einen technologischen Versuchsträger mit unbekanntem Entwicklungsrisiko an den Start gehen zu lassen.

Das Ergebnis war somit eine sehr konservative Auslegung des »Comet«-Designs, dessen Tragflächen um nur 20 Grad nach hinten gepfeilt waren. Im Vergleich dazu: die Flächen der US-amerikanischen Boeing 707 sind um 35 Grad gepfeilt und somit im Schnellflug wesentlich wirtschaftlicher als jene der britischen Rivalin.

Die Produktion der »Comet« war eine nationale britische Aufgabe, und so bestellte die staatliche Langstrecken-Airline British Overseas Airways Corporation (BOAC) noch vor dem Start des ersten D.H. 106 Prototypen gleich 14 Serienflugzeuge. Im Gegenzug verpflichtete sich de Havilland, den Kaufpreis, Leistungsdaten und Liefertermine im Voraus zu garantieren, und sagte bei Nichteinhaltung Strafzahlungen zu. Dieser Erstauftrag über 14 Serienmaschinen sowie zwei, von der britischen Regierung bezahlte Prototypen, deckten bei weitem nicht die Entwicklungskosten, verschafften de Havilland jedoch den Einstieg in die Serienfertigung und die Möglichkeit, den revolutionären Jet auf dem internationalen Parkett anzubieten.

Das de Havilland-Entwicklungsteam hätte gerne mit dem Bau der »Comet« gewartet, bis leistungsfähige Axialverdichter-Jetmotoren zur Verfügung stehen. Auf Grund des enormen Zeitdrucks musste es sich jedoch für vier »Ghost« 50 Mk. 1 Radialverdichter-Triebwerke des Tochterunternehmens de Havilland Engine Company als Antrieb der Prototypen sowie der Comet 1 und 1A Serien-Versionen begnügen. Bei einem maximalen Schub von 3.350 lb verliehen sie den ersten D.H. 106 Ausführungen eine Reisegeschwindigkeit von 790 km/h, die in einer Flughöhe von 10.500 m erreicht wurde.

Angesichts der mageren Schubleistung der »Ghost« 50 Mk. 1 stand die Gewichtseinsparung im Vordergrund der »Comet«-Entwicklung. Und dennoch entfielen nur ganze zehn Prozent des maximalen Startgewichts der ursprünglichen D.H. 106 Ausführungen auf zahlende Nutzlast. Eine der vielen Maßnahmen zur strukturellen Gewichtsreduzierung war die Verwendung des »Redux«-Klebstoffs bei der Montage von Flugzeugzelle und Tragflächen. de Havilland hatte gute Erfahrungen mit der Verwendung von »Redux« bei der Produktion des »Dove«-Propellerflugzeugs ab 1945 gemacht, und investierte Zeit und Geld in die Entwicklung dieses Industrieklebers.

So waren sich die Konstrukteure sicher, dass ihr Verfahren zur Verklebung der Außenhaut mit den darunter liegenden Spanten nicht nur den Luftwiderstand verringert, sondern auch die Lasten gleichmäßiger auf die Struktur verteilt. Die Minimierung des Luftwiderstands dank eines extrem dünnen Tragflügels, sowie die Reduzierung des Kabinenquerschnitts auf das absolute Minimum waren weitere Maßnahmen, um den Treibstoffverbrauch bereits im Ansatz zu senken.

Das ausgehende Zeitalter der Kolbenmotoren verkörpert sinnbildlich hier die Lockheed L-749 ZS-DBU. Deren Motor dient als Vordergrund des am Palmietfontein Airport bei Johannesburg geparkten »Comet«-Prototypen, der an jenem 18. Juli 1951 für seinen Abflug vorbereitet wird. (Transnet Heritage Foundation)

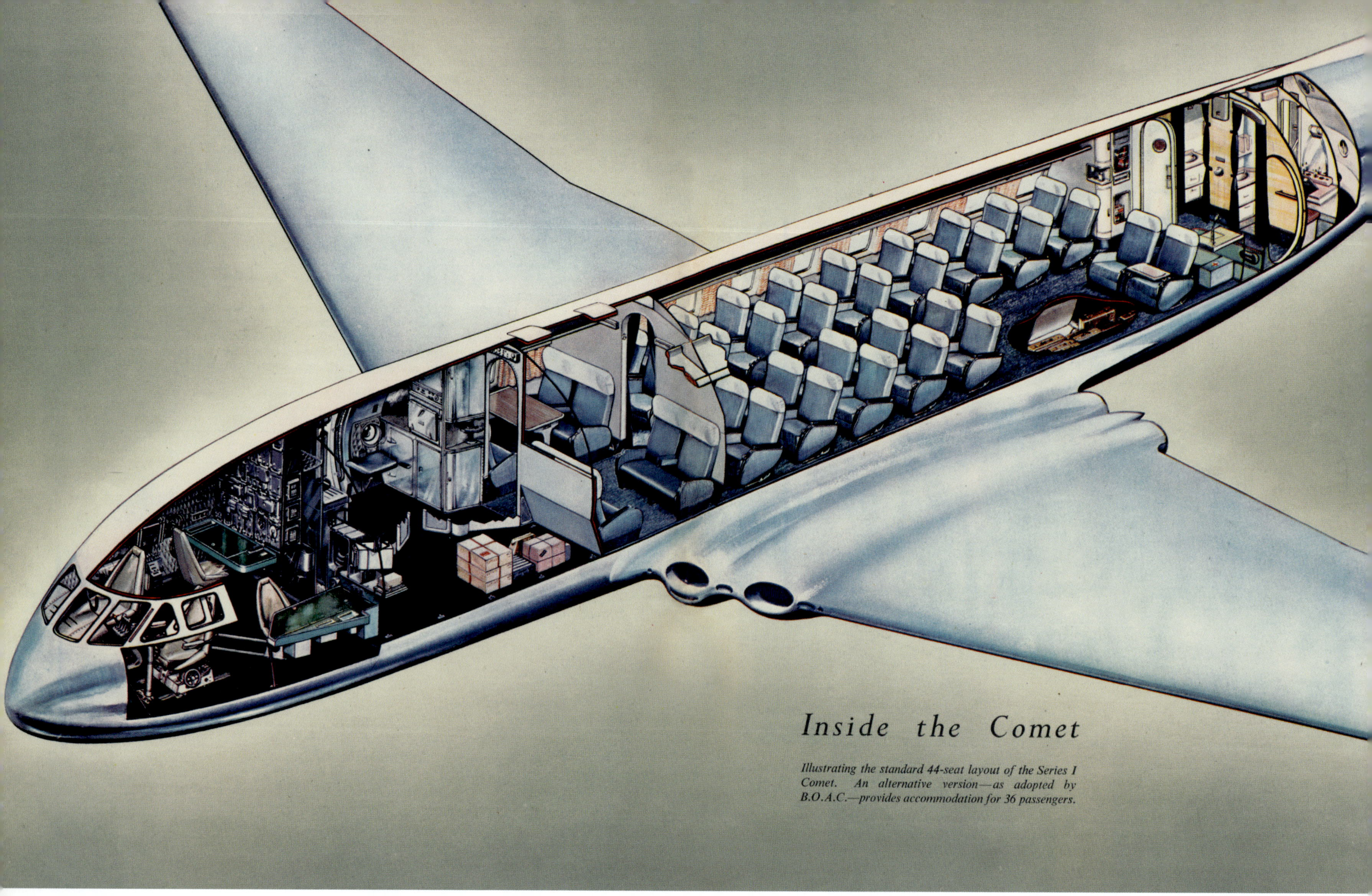

Diese Schnittzeichnung einer Comet 1 Kabine entstammt einer Sonderausgabe der de Havilland Mitarbeiterzeitung »DE HAVILLAND GAZETTE«, die anlässlich der Indienststellung der »Comet« bei BOAC im Jahr 1952 veröffentlicht wurde.

NICHTS DEM ZUFALL ÜBERLASSEN

R.E. Bishop und sein Team waren sich bewusst, dass der Transport von 40 Passagieren in bis zu 12 km Flughöhe extrem hohe Beanspruchungen an die Struktur der Druckkabine stellt. Um nichts dem Zufall zu überlassen, errichtete de Havilland daher einen großen Wassertank, in dem einzelne Rumpfsektionen der »Comet« bis zum Bersten druckgetestet wurden. Dabei arbeitete der Hersteller freiwillig mit einem Kabinendruck, der um das Zweieinhalbfache über jenem Wert lag, den die britische Zulassungsbehörde forderte. Im Falle der Kabinenfenster wurden diese sogar mit dem zehnfachen Sicherheitsfaktor getestet!

Als weitere Vorsichtsmaßnahme errichtete de Havilland eine Kältedruckkammer, in der ein »Comet«-Rumpf, inklusive Komponenten, einer simulierten Flughöhe von bis zu 21.000 m und einer Temperatur von minus 70 Grad Celsius ausgesetzt werden konnte. Schnell stellte sich heraus, dass sich diverse, bis dato in der Luftfahrt übliche Materialien für die geplanten D.H. 106-Flughöhen als ungeeignet erwiesen und durch Neu-Entwicklungen zu ersetzen waren.

Am 2. April 1949 stellte de Havilland den ersten von zwei gebauten Prototypen der Öffentlichkeit vor. In gespannter Erwartung des angekündigten Erstfluges der D.H. 106 No. G-5-1 versammelte sich die Weltpresse drei Monate später, am 27. Juli des Jahres auf dem Vorfeld der de Havilland-Werke in Hatfield. Der Tag verstrich, ohne dass etwas passierte. Und die meisten Pressevertreter befanden sich bereits auf dem Heimweg, als sich de Havilland Chefpilot John Cunningham doch noch zum geschichtsträchtigen, 31-minütigen Erstflug entschloss. Die »Comet« schrieb sich an jenem Tag als erstes Düsenverkehrsflugzeug in die Geschichtsbücher, das nicht nur zu Erprobungszwecken mit Strahltriebwerken ausgestattet war. Fast wäre de Havilland noch auf der Zielgeraden vom kanadischen Hersteller Avro Canada überholt worden. Doch dessen Prototyp des nie in Serie gebauten C-102 »Jetliner« ging erst zwei Wochen später an den Start.

Auf den Tag ein Jahr nach dem erfolgreichen Erstflug der G-5-1 brachte de Havilland den zweiten Prototypen G-5-2 an den Start. Mit beiden Testflugzeugen absolvierten die Flugzeugwerke ein umfangreiches Flugerprobungsprogramm, das mit der Zulassung der britischen Luftfahrtbehörde am 22. Januar 1952 seinen krönenden Abschluss fand. Zwei Tage später erhielt British Overseas Airways Corporation (BOAC) das erste Serienflugzeug vom Typ Comet 1 ausgehändigt.

Als Pionier des Düsenluftverkehrs ersannen die de Havilland-Konstrukteure diverse Systeme, die noch heute zum Standard des modernen Flugzeugbaus zählen. Darunter beispielsweise die Verwendung von Triebwerks-Zapfluft zum Aufbau des Kabinendrucks und der Klimatisierung des Passagierraums. Der künstliche Kabinendruck in einer Flughöhe von 12 km entsprach dabei angenehmen 2.400 m, und trug somit wesentlich zum Wohlbefinden der »Comet«-Passagiere der ersten Stunde bei. Die mehr als 200 Grad heiße Zapfluft der Triebwerks-Verdichter wurde parallel an allen vier »Ghost«-Triebwerken während des Fluges abgenommen, gekühlt und mit Luftfeuchtigkeit angereichert, bevor sie die Kabine erreichte. Um den Kabinendruck auch bei Ausfall mehrerer Systeme zu gewährleisten, war jeder einzelne Motor auch alleine in der Lage, den erforderlichen Druck aufrecht zu erhalten.

»COMET« AM START

Um 15:12 Uhr am Nachmittag des 2. Mai 1952 eröffnete BOAC feierlich das »Jet Age«. An jenem Tag startete die Comet 1 mit dem Kennzeichen G-ALYP am London Airport zum ersten Jet-Linienflug der Luftfahrtgeschichte. Auf Grund der relativ geringen Reichweite der Comet 1 mussten die Maschinen fünfmal auf dem Weg zwischen Großbritannien und Südafrika zum Auftanken zwischenlanden. So dauerte es 23 Stunden und 37 Minuten, bis »Yoke Peter« schließlich seinen Zielort Johannesburg in Südafrika erreichte. »Drei Minuten vor der geplanten Ankunftszeit«, wie die de Havilland Mitarbeiterzeitung aus dem Juni 1952 stolz bemerkt. Gleich von Anbeginn praktizierte BOAC das für die »Comet« entwickelte Startverfahren, welches eine Roll- und Startfreigabe seitens der Flugsicherung noch vor dem Anlassen der Motoren in London-Heathrow vorsah. Erst nach Erhalt der erforderlichen Freigaben starteten die Besatzungen die vier »Ghost«-Triebwerke, und konnten sodann direkt zur

Das Museum der britischen Luftwaffe in Cosford ist Heimat der ältesten, komplett erhaltenen D.H. 106. Sie wurde im Jahr 1952 als Comet 1A mit dem Kennzeichen F-BGNZ an Air France ausgeliefert und kehrte nach dem Entzug der Musterzulassung im Jahr 1954 nach Großbritannien zurück. Dort wurde sie in eine strukturell verstärkte und mit ovalen Fenstern ausgestattete Comet 1XB umgebaut und flog fortan als Testflugzeug, unter anderem im Auftrag von de Havilland. (Royal Air Force Museum Cosford)

De Havilland »Ghost«-Triebwerke dienten als Antrieb der D.H. 106-Prototypen sowie der Comet 1-Serienmaschinen. Dieses Exemplar ist im Museum der britischen Luftwaffe in Cosford ausgestellt.

Startbahn rollen und ohne weiteres Warten abheben. Diese »pre clearance« erlaubte es der Flugsicherung, die »Comet«-Flüge reibungslos in den aktuellen Flugplan der restlichen Propeller-Flugzeuge einzuplanen, die somit von den neuen, schnellen Jets nicht behindert wurden. Umgekehrt mussten sich die BOAC »Comet« nicht in die Schlange, der ihre Kolbentriebwerke warm laufenden Propellermaschinen, einreihen, und dabei unnötig Kerosin verbrennen.

Der neuartige Antrieb begeisterte die Passagiere, die ihr Reiseziel nun fast doppelt so schnell, über den Wolken fliegend und weitestgehend vibrationsfrei erreichten. Der ruhige Flug, den die neuen Jetmotoren ermöglichten, begeisterte die »Comet«-Passagiere der ersten Stunde so sehr, dass es an Bord üblich war, Geldstücke auf ihrem Rand zu balancieren, oder Kartenhäuser zu bauen, was bei den alten, rüttelnden Kolbenmotoren im Flug unmöglich gewesen wäre!

ERFOLGSVERWÖHNT

Es schien zunächst nichts den Erfolg der »Comet« aufhalten zu können. Die Vertreter der führenden Fluglinien der Welt gaben sich bei de Havilland die Klinke in die Hand, und eine zweite Endmontagelinie wurde, neben Hatfield, in Chester geplant, um die zahlreichen Bestellungen produzieren zu können. Zu Bestsellern entwickelten sich vor allem die weiter entwickelten Comet 2 und Comet 3 Varianten, die Kunden aus Europa, Asien, Süd- und Nordamerika orderten. Darunter so prestigeträchtige Fluggesellschaften wie Air France, Pan American World Airways oder Japan Air Lines.

Zwei Startunfälle mit Flugzeugen der BOAC und Canadian Pacific im Oktober 1952 und März 1953 beunruhigten erstmals die Öffentlichkeit. Konnten diese Unfälle noch mit »Comet«-Unerfahrenheit der Piloten erklärt werden, schlug das Schicksal am 2. Mai 1953 erneut zu. Nur sechs Minuten nach dem Start in Kalkutta zerbrach die BOAC Comet 1 G-ALYV, was die Untersuchungsbehörden auf starke Turbulenzen in einem Gewitter zurückführten. Keiner der sechs Besatzungsmitglieder und 37 Passagiere überlebte die Katastrophe. Als Konsequenz aus diesem Unfall rüstete BOAC alle »Comet« mit Wetterradar aus, um derartige Unwetter vor allem auf Nachtflügen, wie an jenem 2. Mai, rechtzeitig erkennen zu können.

Der Unfall in Karachi war bereits fast in Vergessenheit geraten, als Meldungen aus den USA über Flugunfälle auf Grund von Materialermüdung die Luftfahrtwelt in Aufruhr versetzten. Vor allem Flügelbrüche hatte sich in Folge dieser Materialermüdungen zugetragen, worauf die britische Luftfahrtbehörde mit neuen Testvorschriften reagierte. De Havilland begann daraufhin im Juli 1953 mit einer erneuten Testreihe, bei der zwei »Comet«-Rumpfsektionen mit Kabinendruck beaufschlagt wurden. Erst nach 18.000 simulierten Flügen in 12 km Höhe bildete sich an einem der beiden untersuchten Zellen ein Riss in einer Ecke eines Kabinenfensters. Ein unheilvoller Vorbote dessen, was sich wenig später ereignen sollte. Doch de Havilland Chefkonstrukteur R.E. Bishop war sich seiner Sache sicher und kommentierte das Testergebnis mit den Worten: »die »Comet« ist eher wie ein U-Boot gebaut, das niemals versagt – jedenfalls nicht während der geplanten Lebensdauer.« Zu Beginn dieser Versuchsreihe hatte keine einzige D.H. 106 mehr als 2.500 Flugstunden, beziehungsweise 800 Flüge unter Druckbedingungen absolviert, und Firmeninhaber Geoffrey de Havilland sowie sein Team sahen erwartungsvoll in die Zukunft.

DIE KATASTROPHE

Hatfield stand unter Schock, als am 10. Januar 1954 die Nachricht vom Absturz der BOAC Comet 1 G-ALYP den de Havilland Firmensitz erreichte. In einer Flughöhe von rund 8.100 m war der Funkverkehr zu der kurz zuvor in Rom gestarteten Maschine abgebrochen. Italienische Fischer hatten beobachtet, wie brennende Trümmer aus dem Himmel fielen, doch eine schnell eingeleitete Rettungsaktion konnte keinen einzigen Überlebenden bergen.

Bei den Verantwortlichen herrschte zunächst Rätselraten über die Unglücksursache. Heute übliche »Black Box«-Aufzeichnungsgeräte, die Cockpit-Gespräche sowie Flugdaten aufzeichnen, gab es damals noch nicht an Bord von Verkehrsflugzeugen. Sabotage wurde schnell als wahrscheinlichste Unglücksursache angenommen, doch zeigten die

B.O.A.C. Comet Jetliner

HOW THE TURBO-JET ENGINE WORKS

The turbo-jet engine gulps air in through the nose, compresses it, then feeds it into the combustion chamber where it is mixed with fuel and ignited. The result is a blast of hot gases which escapes toward the rear, spinning the turbine which in turn spins the compressor. Finding no obstacle behind the turbine, the hot blast expands quickly, turning heat and pressure into velocity, and rushes out the tail pipe, creating the thrust which pushes the Comet through the sky at high speed.

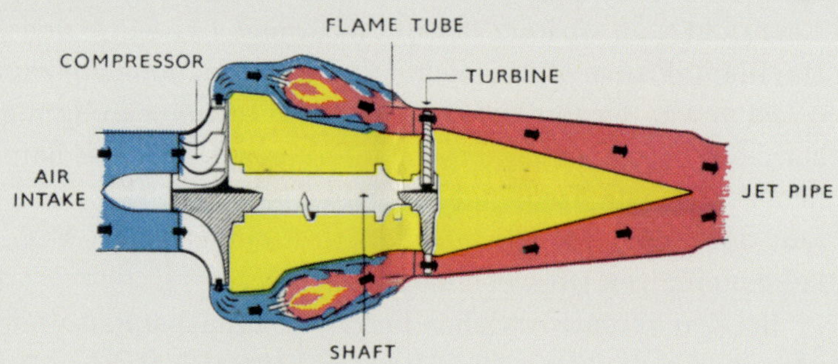

Delicious complimentary meals and mealtime drinks served during flight by the stewards and stewardess.

8 of the *Comet's* 36 passengers are accommodated in this forward cabin, where there are two tables, with two pairs of facing seats to each.

Individual reading lights, dark blue carpets and upholstery, and silver-grey walls and ceiling give a pleasing, cheerful yet restful effect.

In dieser Broschüre erläuterte BOAC die Vorzüge der Reisen an Bord ihrer ersten Comet 1.

geborgenen Körper der sechs Besatzungsmitglieder und 29 Passagiere keine Spuren, die darauf hindeuteten.

Sicherheitshalber legte BOAC ihre »Comet«-Flotte still und wartete das Ergebnis der Unfall-Untersuchungskommission unter der Leitung von Charles Abell ab. Als wahrscheinlichste Unfallursache galt schließlich das Zerbersten einer Fanschaufel der »Ghost«-Triebwerke, und nach über 50 technischen Modifikationen nahm BOAC am 23. März 1954 erneut den Flugbetrieb mit ihren Comet 1 auf.

Ohne eindeutige Unfallursache spekulierten die Flugexperten noch über den Absturz von G-ALYP, als sich die Ereignisse vom Januar am 8. April 1954 auf tragische Weise wiederholten. Wieder war es eine Comet 1, und wieder war Rom der Ausgangsflughafen. South African Airways hatte zu jenem Zeitpunkt G-ALYY »Yoke Yoke« von BOAC gechartert, als sich Flug SA201 nach dem Start in der italienischen Hauptstadt im Steigflug Richtung Süden befand. Die sieben Besatzungsmitglieder und 14 Passagiere hatten wie beim Absturz von G-ALYP zuvor keine Überlebenschance. Es gab keinen Notruf, und das Flugzeug schien erneut in der Luft auf mysteriöse Weise binnen Sekunden zerborsten zu sein.

Diesmal reagierten die Behörden konsequenter und entzogen der D.H. 106-Baureihe am 12. April 1954 die Verkehrszulassung. In einer beispiellosen Bergungsaktion, mit Hilfe der britischen Royal Navy, wurde ein Großteil der zertrümmerten G-ALYY Struktur aus großer Wassertiefe an Land geholt und auf dem Gelände der damaligen Luftfahrt Forschungseinrichtung Royal Aircraft Establishment (RAE) im britischen Farnborough wieder zusammengesetzt. Binnen sechs Wochen entstand zudem ein 34 m langer und 6 m breiter Wassertank, der dem kompletten Rumpf der BOAC Comet 1 G-ALYU für erneute Drucktests Platz bot. Dies war der erste Test eines vollständigen Rumpfes, denn de Havilland hatte zuvor immer nur einzelne Rumpf-Sektionen untersucht. Zudem waren die Kabinenfenster bei den früheren Versuchsreihen mit Redux an die Struktur geklebt – die Fenster der von BOAC eingesetzten Serienflugzeuge hingegen mit Stanznieten befestigt.

Parallel dazu wurde die Comet 1 G-ANAV einem rigiden Flugtestprogramm unterzogen, um etwaige Defizite beim Flugverhalten der »Comet« zu ermitteln.

Die Tests unter der Leitung von Sir Arnold Hall, Vorsitzender des RAE, brachten schließlich die Gewissheit: Materialermüdung führte zum Bersten der »Comet«-Rümpfe – mit den tödlichen Folgen für Passagiere und Besatzungen.

Am 19. Oktober 1954 begann in Großbritannien eine öffentliche Anhörung, die mit der Erkenntnis endete, dass die de Havilland-Ingenieure mit der D.H. 106 »Comet« so weit in technologisches Neuland vorgedrungen waren, dass sie die Gefahren nicht vorhersehen konnten. Lord Brabazon, dessen Komitee 1942 den Anstoß zum Bau der »Comet« gegeben hatte, fasste dies im Rahmen der Anhörung etwas poetischer zusammen: »Die Abstürze sind Folge des Abenteuer suchenden Pioniergeistes der Menschheit. Das war früher so, das ist heute so, und das wird hoffentlich auch in der Zukunft so sein.«

Um ähnliche Katastrophen zu verhindern, machten die britischen Behörden den Untersuchungsbericht mit allen technischen Details öffentlich bekannt. Und so haben sämtliche Flugzeughersteller rund um den Globus aus den gewonnenen Erkenntnissen ihre Konsequenzen gezogen. Eine konkrete Lehre aus den tragischen Ereignissen der Jahre 1953 und 1954 ist die Konstruktion von Flugzeugen nach dem »fail safe«-Prinzip. Nach dieser Philosophie darf das Versagen eines bestimmten Bauteils nicht zur Katastrophe führen. Vielmehr muss ein anderes Bauteil dessen Funktion übernehmen – spätestens bis zur nächsten Routinekontrolle. So ist auf Grund der »Comet«-Unfallserie das Fliegen auch ein großes Stück sicherer geworden!

Werksaufnahme der einzigen produzierten C-102. Obgleich der »Jetliner« der Avro 706 sehr ähnlich sieht, ist es eine völlige Neukonstruktion.

VERPASSTE CHANCE

AVRO CANADA C-102 »JETLINER«

Mit großen Hoffnungen auf einen kommerziellen Erfolg war das Projekt des C-102 »Jetliner« der Avro Canada gestartet. Im Gegensatz zu den meisten frühen Jet-Erprobungsträgern der britischen Avro-Flugzeugwerke, die auf der Tudor basierten, war die kanadische C-102 eine völlige Neuentwicklung. Sie sollte zudem nicht als Forschungsflugzeug reüssieren, sondern Airlines als Verkehrsflugzeug zum Kauf animieren.

Die Wurzeln von Avro Canada gehen auf die National Steel Car Limited of Montreal zurück, die 1942 von der kanadischen Regierung gekauft, und in Victory Aircraft Limited umbenannt wurde. Inmitten des Zweiten Weltkriegs galt Kanada als sichere Produktionsstätte für britische Flugzeugmuster – fernab deutscher Bombenangriffe – und so produzierte Victory Aircraft allein 430 »Lancaster«-Bomber, die überwiegend nach Großbritannien zum Einsatz gegen Nazi-Deutschland überführt wurden. 1945 erwarben die britischen Hawker Siddeley Flugzeugwerke Victory Aircraft Limited und nannten ihr neues Tochterunternehmen fortan A.V. Roe (Avro) Canada.

HERSTELLER	A.V. ROE CANADA LTD., KANADA
ERSTFLUG	10.08.1949
GEBAUTE EXEMPLARE	1
SPANNWEITE	29,90 m
LÄNGE	25,10 m
HÖHE	8,10 m
MOTOREN	4 X ROLLS-ROYCE »DERWENT« 5
REISEGESCHWINDIGKEIT	Ca. 670 km/h
REICHWEITE	Ca. 2.000 km
BESATZUNG	3 (COCKPIT)

Neben militärischen Aufträgen setzte Avro Canada alle Anstrengungen auf die Entwicklung und Produktion des ersten nordamerikanischen Düsenverkehrsflugzeugs – dem C-102 »Jetliner«. Ganze 13 Tage kam die britische de Havilland D.H. 106 »Comet« dem Erstflug der C-102 zuvor, die erstmals am 10. August 1949 an den Start ging.

Der von J.C. »Jim« Floyd entworfene »Jetliner« startete noch während der Flugerprobung zu umfangreichen nordamerikanischen Verkaufsflügen, die ihn bis nach Los Angeles und Miami führten. Die Verkaufsbemühungen trugen schon bald Früchte, und die amerikanische Fluglinie National Airlines sowie die US Air Force zeigten Interesse, zusammen 24 C-102 zu bestellen. Während in den USA American Airlines, Eastern Airlines, TWA und United als mögliche Kunden in Frage kamen, war das Interesse in Kanada an dem eigenen Produkt eher gering. Trans Canada Airlines (TCA) zeigte sich zwar bereit, 30 Maschinen zu einem niedrigen Fixpreis zu erwerben, die Avro Canada jedoch mit vier Rolls-Royce AJ-65 (Axial Jet) Motoren ausstatten sollte.

Als der britische Triebwerkhersteller klarstellte, dass dieses Triebwerk, das später den Namen »Avon« erhielt, noch für viele Jahre auf der militärischen Geheimhaltungsliste stehen würde, und nicht für Verkehrsflugzeuge erhältlich sei, musste Avro Canada notgedrungen auf das Rolls-Royce »Derwent« 5 mit alter Radialverdichter-Technologie umschwenken. Dieses verbrauchte rund 13 Prozent mehr Treibstoff und erforderte auf Grund seiner großvolumigen Bauweise zahlreiche konstruktive Änderungen. Damit nicht genug, forderte TCA für den identischen Kaufpreis eine Verbesserung der angebotenen C-102 Leistungsdaten. Als sich Avro Canada dazu nicht in der Lage sah, zog die kanadische Fluglinie ihre Kaufabsichtserklärung wieder zurück.

In dem amerikanischen Luftfahrt-Tycoon Howard Hughes hatte die C-102 einen besonderen Fan. Zusammen mit den Managern der von ihm kontrollierten Trans World Airlines hatte er dem »Jetliner« eine rosige Zukunft vorausgesagt. Seine Begeisterung ging so weit, dass er plante, die im eigenen Land verschmähte C-102 in Kooperation zwischen seiner Hughes Aircraft Company und Convair in Lizenz produzieren zu lassen. Nonstop-Flüge von New York nach Chicago oder von Chicago zur TWA-Drehscheibe Kansas City schienen mit einer gewinnbringenden Nutzlast möglich. Kurz gesagt: der »Jetliner« flog schneller, höher, ruhiger, weiter und wirtschaftlicher als alle von der TWA zu diesem Zeitpunkt eingesetzten Propellerflugzeuge.

Am 8. und 9. April 1952 hatte Howard Hughes in Culver City die Gelegenheit den »Jetliner« eingehend zu inspizieren, und selbst zu fliegen. Die Verhandlungen zwischen Avro Canada, Hughes und Convair zogen sich über mehrere Monate hin, bis die US-Regierung Convair verbot, die Hallenkapazität für Zivilprojekte zu nutzen. Der Korea-Krieg, in den die USA zu jenem Zeitpunkt stark involviert waren, warf seine Schatten voraus.

Auch Kanada war an der Seite der USA in die Kampfhandlungen involviert, und Avro Canada hinkte mit der Produktion der dringend für diesen Konflikt benötigten CF-100 Düsenjäger hinterher. Daher ordnete der kanadische, für die Luftfahrt zuständige Minister C.D. Howe die Einstellung der C-102 Produktion zu Gunsten einer Kapazitätssteigerung des Militärjets an.

So mussten alle hochfliegenden Pläne für den C-102 »Jetliner« schließlich nicht nur in Kanada, sondern auch in den USA wieder begraben werden. Wäre es zu einer Produktion gekommen, hätte die Geschichte des Flugzeugbaus vielleicht eine ganz andere Wendung genommen. Doch so wurde der einzige vollendete »Jetliner« kurz nach seinem letzten Flug am 23. November 1956 verschrottet. Lediglich die Bugsektion ist im kanadischen Luftfahrt-Museum in Ottawa erhalten geblieben.

DIE 50ER-JAHRE

Die zweite fertiggestellte Baade 152 kurz vor dem Aushallen zum Erstflug. (Elbe Flugzeugwerke GmbH, Dresden)

Eine Avro 706 kehrt nach einem Testflug zur Erforschung des Jetfluges in großen Höhen zu ihrer Basis zurück.

VERSUCHSTRÄGER AUS ZWEITER HAND

AVRO 706 »ASHTON«

Die im britischen Newark Air Museum bewahrte vordere Rumpfsektion ist das einzige Bauteil, das von einer »Ashton« erhalten geblieben ist. Sechs Exemplare des aus der Propellermaschine Avro Tudor 2 weiterentwickelten Erprobungsträgers für die damals neue Jet-Technologie hatte das britische Beschaffungsministerium für Testflüge bestellt. Die erste Avro 706 startete am 1. September 1950 zu ihrem Jungfernflug, angetrieben von vier Rolls-Royce »Nene«-Strahltriebwerken. Im Verlauf ihrer zwölfjährigen Einsatzzeit wurden die »Ashton« auch für Versuchsreihen der Rolls-Royce »Conway«, »Avon« und Bristol Siddeley »Olympus« Jet-Triebwerke genutzt. Es wurden überwiegend Testreihen in großen Flughöhen vorgenommen. Das Basisflugzeug der »Ashton« – die Avro 688 Tudor 2 – sollte bis zur Entwicklung größerer und leistungsfähigerer Propliner auf dem Streckennetz der britischen Langstrecken-Airline BOAC zum Einsatz gelangen. Die erste Maschine taufte die heutige Königin von England am 21. Januar 1947 in London-Heathrow auf den Namen »Elizabeth of England«. Ihr geräumiger Rumpf fasste 60 Passagiere, doch ließen die Leistungsdaten zu wünschen übrig. Selbst diverse Nachbesserungen konnten BOAC nicht zum Einsatz der Tudor 2 bewegen. Nach dem spurlosen Verschwinden von zwei »Tudor« der British South American Airways (BSAA) bei den Bermuda-Inseln, was den Mythos des »Bermuda Dreiecks« begründete, wurde der Passagierversion ein Startverbot verhängt. Lediglich Frachter durften weiterhin zum Einsatz kommen. Die mit Treibstoff betriebene Kabinenheizung der Passagierversion konnte leicht Feuer fangen, was neben Navigationsfehlern als wahrscheinlichste Ursache für den Verlust der BSAA »Star Ariel« und »Star Tiger« angenommen wird. Nach dem vorläufigen »Grounding« des Musters standen eine Reihe von Avro 688 beim Hersteller A.V. Roe & Company für die Umrüstung zu »Ashton« bereit. Die vier Rolls-Royce »Merlin«-Kolbentriebwerke wurden durch vier, in Paaren angeordneten Rolls-Royce »Nene«-Jets ersetzt. Das ursprüngliche Spornradflugzeug wurde in eine Maschine mit Bugradfahrwerk umgebaut. Weitere Modifikationen betrafen das Seitenleitwerk, das den höheren Jet-Geschwindigkeiten angepasst wurde. Die letzte Avro 706 soll erst im Jahre 1962 ausgemustert worden sein.

HERSTELLER	A.V. ROE & COMPANY LTD., WOODFORD, GROSSBRITANNIEN
ERSTFLUG	01.09.1950
GEBAUTE EXEMPLARE	6
SPANNWEITE	36,58 m
LÄNGE	27,29 m
HÖHE	9,53 m
MOTOREN	4 X ROLLS-ROYCE »NENE« 6
REISEGESCHWINDIGKEIT	Ca. 700 km/h
REICHWEITE	Ca. 2.700 km
BESATZUNG	5 (COCKPIT)

Die erste Comet 2 mit dem Kennzeichen G-AMXA startete am 27. August 1953 vom Werkflugplatz Hatfield aus zu ihrem Erstflug.

PHÖNIX AUS DER ASCHE

DE HAVILLAND D.H. 106 »COMET 2«

De Havilland war sich bewusst, dass die Comet 1 mit ihren leistungsschwachen »Ghost«-Radialverdichter-Triebwerken die meisten Airlines nicht überzeugen konnte. Und so entwickelte der Hersteller schon bald die verbesserte Comet 2 mit ihrem um 1 m gestreckten Rumpf und größerer Reichweite. Schubstarke Rolls-Royce »Avon« Axialverdichter-Triebwerke sowie zusätzliche, 26.530 Liter Kerosin fassende Tanks verliehen der »Comet« nun erstmals eine transatlantische Reichweite. Wie bei der Comet 1 war British Overseas Airways Corporation (BOAC) auch Erstkundin der Comet 2, nachdem sie ihre ursprüngliche Bestellung von 14 »Comet« der ersten Generation, in neun Comet 1 und zwölf Comet 2 umwandelte. Unter anderem sollten die weiter entwickelten Jets auf den Südatlantik-Routen der britischen Langstrecken-Airline zum Einsatz gelangen.

De Havilland schickte die Comet 1 mit der Zulassung G-ALYT als Versuchsträger für den Einbau der Rolls-Royce »Avon«-Triebwerke erstmals am 16. Februar 1952 unter der Bezeichnung Comet 2X an den Start. Die erste »echte« Comet 2 mit dem Kennzeichen G-AMXA hob dagegen erst am 27. August 1953 am Werkflugplatz Hatfield zu ihrem Erstflug ab.

Als die ersten Comet 2 Ende 1953 zur Auslieferung bereit standen, konnte sich de Havilland über ein komfortables Auftragspolster von BOAC (12), Air France (6), Panair do Brasil (4), UAT (3), Canadian Pacific (3), British Commonwealth Pacific Airlines (3), Linea Aeropostal Venezolana (2) und Japan Air Lines (2) freuen.

Um die Aufträge zeitnah produzieren zu können, richtete de Havilland, neben Hatfield, zwei zusätzliche Endmontagelinien im eigenen Werk Chester und bei Short Brothers im nordirischen Belfast ein. Der Comet 2 schien eine glorreiche Zukunft bevor zu stehen, doch führte der Entzug der »Comet«-Musterzulassung am 12. April 1954 in Folge des Absturzes der Comet 1 G-ALYY auch zum jähen Ende der Comet 2-Fertigung. Der Traum war sprichwörtlich geplatzt – der Stolz der britischen Luftfahrtindustrie vorläufig vom Himmel verbannt. Parallel zur Unfallun-

HERSTELLER	DE HAVILLAND, HATFIELD, GROSSBRITANNIEN
ERSTFLUG	27.08.1953
GEBAUTE EXEMPLARE	17
SPANNWEITE	35,00 m
LÄNGE	28,30 m
HÖHE	8,65 m
MOTOREN	4 X ROLLS-ROYCE »AVON« 504 / 524
REISEGESCHWINDIGKEIT	Ca. 790 km/h
REICHWEITE	Ca. 4.000 km
BESATZUNG	3-5 (COCKPIT)

Comet 2-Version der BOAC

tersuchung zog de Havilland zunächst die »Comet«-Mannschaft aus den Werkstätten ab und setzte sie bei anderen Flugzeugprojekten ein. Die gerade in Belfast eröffnete Endmontagelinie wurde nach nur zwei montierten Maschinen wieder geschlossen, zudem die Arbeit an 30 in Chester, und sieben in Hatfield im Bau befindlichen Exemplaren umgehend eingestellt. Darunter befanden sich 25 Comet 2 in unterschiedlichen Bauphasen, die nun allesamt von der Verschrottung bedroht waren. Doch nachdem das Untersuchungsergebnis zu den Abstürzen der Comet 1 vorlag, zeigte sich unverhofft ein Weg, wie die Comet 2 für einen sicheren Flugbetrieb zu modifizieren waren. Kern der Umbauten war der Ersatz der ursprünglichen Außenhaut durch dickere Bleche. Zudem wurden die rechteckigen Passagier-Fenster und Antennen-Aussparungen durch oval geformte Alternativen ersetzt. Diese neue Form erlaubte eine gleichmäßigere Lastenverteilung im Gegensatz zum ursprünglichen Design, bei dem sich die maximale Last auf katastrophale Weise an den Fensterecken konzentrierte.

Während keine der ursprünglichen BOAC Comet 1 für eine Umrüstung geeignet schien, erwarb das britische »Ministry of Supply« im März 1955 die bei de Havilland verbliebene Comet 2 Flotte, von der 15 Maschinen wieder flugklar gemacht wurden. Davon gingen zehn Exemplare an das Royal Air Force (RAF) Transport Command (Comet T.2. & C.2), drei für besondere Einsätze konfigurierte Flugzeuge an die britische Luftwaffe (Comet 2R), und zwei für Streckenerprobungsflüge an BOAC (Comet 2E).

Gleich eines Phönix, der sich aus der Asche erhebt, kehrten nach und nach die modifizierten Comet 2 an den Himmel zurück. Die erste ertüchtigte Maschine wurde am 7. Juli 1956 als Transporter mit 44 Sitzplätzen beim 216 Squadron der Royal Air Force in Dienst gestellt. Um jedes erneute Risiko auszuschließen, waren der Auslieferung umfangreiche Zulassungstests vorausgegangen. Das durch die Umbauten verursachte höhere Leergewicht der »neuen« Comet 2 kompensierte de Havilland mittels leistungsfähigerer Rolls-Royce »Avon« 114-Triebwerke.

Eine neue Zukunft erhielten auch die beiden Comet 1A der Royal Canadian Air Force sowie ein Exemplar aus der Air France-Serie. Auch sie wurden umgerüstet und mit neuer Rumpf-Außenhaut sowie ovalen Fenstern als Comet 1XB bei der Royal Air Force in Dienst gestellt. Eine der einstigen Air France-Maschinen ist derzeit im britischen Royal Air Force Museum Cosford bei Birmingham zu bewundern. Allerdings in einer fiktiven BOAC-Lackierung, die an die herausragende Bedeutung dieser Fluglinie für das »Comet«-Programm erinnern soll. Der originale Rumpf der Air France Comet 1A mit dem früheren Kennzeichen F-BGNX ist ebenfalls für die Nachwelt erhalten geblieben und kann im Londoner de Havilland Aircraft Museum besichtigt werden.

DIE GESCHICHTE DER 707 »JET INTERCONTINENTAL«

BOEING »DASH 80« / 707

Als die Boeing 367-80 »Dash 80« am 14. Mai 1954 der Weltöffentlichkeit präsentiert wurde konnte sich sicherlich niemand der Anwesenden vorstellen, dass ihr Design bis in die Gegenwart zum Standard des Flugzeugbaus zählen würde. Nicht nur optisch, sondern auch technologisch haben zahlreiche Düsenverkehrsflugzeuge der Neuzeit ihre Wurzeln bei diesem wegweisenden Erprobungsträger der frühen 50er-Jahre.

Das Design der »Dash 80« mit ihren um 35 Grad nach hinten gepfeilten Tragflächen und den in Gondeln unter den Flügeln montierten Triebwerken prägte auch in der Öffentlichkeit die Vorstellung von einem modernen Passagierjet. Als Ur-Ahnin der Boeing 707 sowie der 720/727/737-Flugzeugfamilie wirkt die »Dash 80« daher noch heute aktuell, und würde auf einem Flughafen-Vorfeld der Gegenwart den meisten Betrachtern wohl kaum als 63 Jahre alter Jet auffallen.

Boeing nutzte ihre 367-80 einerseits als Forschungsflugzeug, um wichtige Daten für die Konzeption von Passagierflugzeugen zu sammeln, andererseits aber auch als Vorführmaschine für potentielle Kunden. So gaben sich in Seattle nicht nur Manager, sondern auch Piloten und Ingenieure der weltweit führenden Airlines die Klinke in die Hand. Darunter der charismatische Pan American Gründer und Präsident Juan T. Trippe, der nach einem geeigneten Flugzeugmuster für den Einstieg in das Jetzeitalter suchte. Nur einen Monat vor dem Roll-out der »Dash 80« war sein Traum gescheitert, mit drei bestellten de Havilland D.H. 106 Comet 3 Langstreckenjets dem Wettbewerb davon zu fliegen, nachdem die »Comet« ihre Musterzulassung im April 1954 in Folge von fatalen Konstruktionsfehlern verloren hatte.

MUSTER	**BOEING 367-80**
HERSTELLER	THE BOEING COMPANY, SEATTLE, WASHINGTON, USA
ERSTFLUG	15.07.1954
GEBAUTE EXEMPLARE	1
SPANNWEITE	39,50 m
LÄNGE	39,00 m
HÖHE	11,60 m
MOTOREN	4 X PRATT & WHITNEY J-57
REISEGESCHWINDIGKEIT	Ca. 880 km/h
REICHWEITE	Ca. 5.600 km
BESATZUNG	3-5 (COCKPIT)

De Havilland hatte die D.H. 106 nach besten, in Großbritannien zu jener Zeit verfügbaren Kenntnissen des Flugzeugbaus konstruiert und selbst die behördlich geforderten Sicherheitsmargen freiwillig um ein Vielfaches übertroffen. Als Pionier des Jet-Luftverkehrs zahlte das Unternehmen einen hohen Preis, als eine damals noch nicht vorhersehbare Materialermüdung an kritischen Stellen der Druckkabine zu deren Bersten im Reise-

Am 14. Mai 1954 wurde die Boeing 367-80 »Dash 80« der Weltöffentlichkeit präsentiert.

flug führte. Nachdem der »Comet« -Unfallbericht weltweit publik wurde, zogen die Zulassungsbehörden und Hersteller rund um den Globus daraus ihre Konsequenzen und führten das »fail-safe«-Prinzip der Ausfallsicherheit im Flugzeugbau ein. Dieses besagt, dass im Falle des Versagens eines Bauteils, ein anderes Bauteil dessen Funktion übernimmt. Zumindest so lange, bis der entstandene Schaden im Rahmen von regelmäßigen Routinekontrollen zu erkennen ist.

MUSTER	BOEING 707
ERSTFLUG	20.12.1957
GEBAUTE EXEMPLARE	856 (725 FÜR KOMMERZIELLE KUNDEN)
SPANNWEITE	43,48 m
LÄNGE	46,68 m
HÖHE	12,72 m
MOTOREN	4 X ROLLS-ROYCE »CONWAY« RC 12
REISEGESCHWINDIGKEIT	Ca. 950 km/h
REICHWEITE	Ca. 8.150 km
BESATZUNG	3-5 (COCKPIT)

Lufthansa 707-430-Version

Erste Entwürfe des Boeing-Jetliners hatten noch starke Ähnlichkeit zur hauseigenen B-47 sowie der ostdeutschen Baade 152. Sie gingen ihrerseits auf aerodynamische Erkenntnisse zurück, die während der Nazizeit in einem Forschungslabor bei Braunschweig gewonnen wurden. Nach Ende des Zweiten Weltkriegs erkannte eine nach Deutschland entsandte Gruppe von US-Wissenschaftlern unter Leitung des damals führenden Aerodynamikers Theodore von Kármán den Wert dieser Untersuchungen. Auch Boeing Chef-Aerodynamiker George Schairer, der dem US-Expertenteam ebenfalls angehörte, war die Bedeutung dieser Beutestücke sofort klar. Er ließ nach deren Sichtung umgehend sämtliche Jet-Projekte seines Unternehmens stoppen, und entwickelte auf Basis der deutschen Berechnungen die B-47 als ersten Pfeilflügelbomber mit Düsenantrieb der USA.

Schon zu Kriegszeiten hatte hingegen das Konstruktionsteam der Baade 152 Zugang zu den Braunschweiger Forschungsergebnissen. Als Junkers-Mitarbeiter entwickelten sie auf Basis der Pfeilflügel-Grundlagenforschung die Ju 287, als ersten Jet-Bomber der Welt, der am 8. August 1944 zum Erstflug startete. Nach den mit der Boeing B-47 und B-52 gesammelten Erfahrungen verwarfen die Boeing-Ingenieure schnell wieder das Konzept eines Hochdeckers für den geplanten neuen Passagierjet. Zu komplex schien ihnen dessen Anordnung der Systeme und des Fahrwerks. Bei der für die »Dash 80« gewählten Tiefdecker-Auslegung konnten beispielsweise die Seile der Flugsteuerung sowie Versorgungsleitungen platzsparend zwischen Kabinenboden und dem darunter liegendem Frachtraum angeordnet werden. Nach rund 30 Studien, die auf ihre Praxistauglichkeit hin im Boeing eigenen Hochgeschwindigkeits-Windkanal getestet wurden, kristallisierte sich jener »Dash 80«-Entwurf heraus, an dessen »Roll-Out« selbst der damals 72jährige Firmengründer William Boeing teilnahm. Seine Frau Bertha taufte das Flugzeug mit einer Flasche »echten Champagners«, wie die Boeing-Chronik vermerkt.

Um die Entwicklung eines Düsenverkehrsflugzeugs zunächst zu verheimlichen, erweckte Boeing mit der Typenbezeichnung 367-80 den Anschein, dass es sich bei der »Dash 80« lediglich um eine verbesserte Version des Boeing 367 »Stratofreighter« handelt. Doch mit einem konventionellen Propellerflugzeug hatte das in Renton vorgestellte Düsentransportflugzeug nichts mehr gemein. Der öffentlichen Präsentation folgte am 15. Juli 1954 der Erstflug der »Dash 80«. Die Fachwelt war begeistert, doch hielten sich die Airlines mit konkreten Bestellungen, des aus der 367-80 weiterentwickelten 707 Jetliners, zurück. Daran war Erzrivale Douglas im kalifornischen Long Beach nicht unschuldig. Galt das Traditions-Familienunternehmen doch zu jener Zeit als führend im zivilen Flugzeugbau. Seine Erfolgsgeschichte begann 1933 mit der DC-1 und setzte sich in der Nachkriegszeit mit den großen Proplinern DC-4, DC-6 und DC-7 fort. Boeing hingegen war stark im militärischen Sektor aktiv, und hatte bis auf den Boeing 377 »Stratocruiser« kein einziges Verkehrsflugzeug nach 1945 im Angebot. Diese Unerfahrenheit mit den Wünschen der Fluglinien mag vielleicht auch dazu geführt haben, dass Boeing seine erste 707-Variante mit einem Rumpf geringen Querschnitts anbot, an dem die Airlines kein Interesse zeigten. Im Gegensatz zum Douglas DC-8 Jet, in dessen breiten Rumpf sechs Sitze in einer Reihe bequem Platz fanden, bot Boeing seine 707 mit einer engeren Röhre und nur fünf Sitzen in einer Reihe an. Dabei hatten die Ingenieure den Querschnitt im Vergleich zur »Dash 80« bereits verbreitert, doch reichte dies den Fluggesellschaften noch nicht.

Als Retter in der Not erwies sich das amerikanische Verteidigungsministerium, das im Februar 1955 Boeing mit der Lieferung von zunächst 21 KC-135 Tankflugzeugen beauftragte. Ein Erstauftrag, aus dem später 808 Maschinen werden sollten! Die KC-135 verfügte zu jener Zeit über die identische Rumpfbreite der zivilen 707, was Boeing dank dieses Militärauftrags eine parallele Planung und Finanzierung beider Projekte ermöglichte. Den ersten Airline-Auftrag erhielt Boeing am 13. Oktober 1955, als Pan American Präsident Juan T. Trippe die Bestellung von 25 Douglas DC-8 in der »Overwater«-Version bekanntgab. Parallel dazu orderte er lediglich zwanzig Boeing 707 – noch immer mit der schmaleren Passagierkabine der KC-135. Die Zukunft der Boeing 707 schien zu jenem Zeitpunkt mehr als fraglich, denn Trippe verkündete zur Freude der Douglas Aircraft Company, Folgeaufträge nur für deren DC-8 erteilen zu wollen. Das Wort des Pan Am Gründers hatte damals in der Luftfahrt großes Gewicht – galt die führende US-Airline doch als Trendsetter der Branche!

Die größere Kabinenbreite des Douglas-Jets war nicht nur für Pan Am das entscheidende Kriterium, der DC-8 den Vorzug zu geben. Auch United Air Lines, die in enger Zusammenarbeit mit Douglas an dem optimalen Querschnitt der DC-8 mitgewirkt hatte, favorisierte nicht zuletzt aus diesem Grund den alternativen Jet aus Long Beach.

Die Karten wurden zwischen Boeing und Douglas jedoch spätestens dann neu gemischt, als American Airlines das Boeing-Management davon überzeugen konnte, den Rumpf seines Vierstrahlers auf 3,77 m – im Vergleich zu den 3,73 m der konkurrierenden DC-8 – zu verbreitern. American Airlines, über Jahrzehnte Douglas-Stammkunde, zeigte sich von den Vorteilen der Boeing 707 überzeugt und bestellte am 8. November 1955 gleich 30 Maschinen. Nun war die 707 im Vergleich zur DC-8 nicht nur ein Jahr früher für die Airlines verfügbar, sondern in ihren Kabinen-Dimensionen dem kalifornischen Wettbewerber sogar noch um ein paar Zentimeter überlegen.

Ein interessanter Sicherheitsaspekt ist mit dem Rumpfdesign der Boeing 707 verbunden. Sie verfügt über wesentlich mehr, wenn auch kleinere Kabinenfenster als die DC-8. Sollte eines von ihnen in einer für die 707 üblichen Reiseflughöhe von 12 km vollständig versagen, sinkt der Kabinendruck jedoch nicht unter 9.000 m, womit eine gesundheitliche Schädigung der Fluggäste vermieden wird.

DAS JETFIEBER GRASSIERT

Rund um den Globus war das »Jet-Fieber« unaufhaltsam ausgebrochen, und die führenden Fluggesellschaften sahen sich vor allem nach der Pan Am-Großbestellung gezwungen, ihre noch relativ jungen Propliner frühzeitig aus dem Verkehr zu ziehen und durch die neuen Jets zu ersetzen. Zu groß war die Gefahr, Marktanteile gegenüber den schnelleren und komfortableren – aber zunächst viel zu groß dimensionierten Düsenflugzeugen des Wettbewerbs zu verlieren. Für die meisten Airlines kam der Start in das Jet-Zeitalter zum denkbar ungünstigsten Zeitpunkt. Hatten sie doch gerade erst große Summen in Propellerflugzeuge mit Kolbenmotoren der neuesten Generation, wie die Douglas DC-7C und Lockheed L-1649A »Starliner«, investiert, die nun nach nur wenigen Monaten fast wertlos wurden.

Das Nachsehen hatten auch die sehr wirtschaftlichen, da Treibstoff sparenden Turboprop-Langstreckenmuster Bristol »Britannia« oder Canadair CL-44, denen nur ein kurzer Auftritt auf der Weltbühne des Luftverkehrs vergönnt war. Sie flogen zwar schneller als die Propellermaschinen mit Kolbentriebwerken, doch etwas langsamer als die puren Jets. Und so entschieden sich die Fluggäste lieber für die schnellste Option – und gegen das damals noch nicht stark ausgeprägte ökologische Gewissen.

Drei Jahre nach ihrer spektakulären Doppel-Order bei Boeing und Douglas startete Pan Am als zweite Fluglinie in das Jet-Zeitalter auf der Langstrecke. British Overseas Airways Corporation hatte ihr den ersten Rang um 22 Tage abgelaufen, und als Ehrenrettung der britischen Luftfahrtindustrie das Wettrennen um den ersten Transatlantik-Linienflug mit einem Düsenverkehrsflugzeug gewonnen. Dieser Triumph mit der völlig neu konstruierten Comet 4 konnte jedoch nicht darüber hinweg täuschen, dass die Boeing 707 dem konkurrierenden de Havilland-Muster technisch und wirtschaftlich überlegen war. Am 26. Oktober 1958 startete die »Jet Clipper America« getaufte Boeing 707-121 der Pan Am in New York zum ersten kommerziellen Einsatz dieses Musters Richtung Paris. Sechs Maschinen dieser 707-Basisversion hatte Pan Am bestellt, die später von leistungsstärkeren Boeing 707-320 auf dem Nordatlantik abgelöst wurden. Neben dem ruhigen, schnellen Flug über den Wolken kamen

Neben Lufthansa Passage und Lufthansa Cargo unterhielt die Frachtcharter-Tochtergesellschaft German Cargo eine Boeing 707-Flotte im Lufthansa-Konzern. (Lufthansa)

Lufthansa warb mit dieser 707-Grafik für den Start in das 1960 begonnene Jetzeitalter.

die Passagiere des Pan Am Jet-Service erstmals in den Genuss einer weiteren Neuerung: der »Economy Class«. Gegenüber der bereits von den meisten Airlines angebotenen »Tourist Class« an Bord der Propliner, gestattete die Airline-Dachorganisation IATA nun eine weitere Reduzierung der für sämtliche IATA-Carrier bindenden Flugpreise. Dies war ein bedeutsamer Schritt auf dem Weg zur heutigen Rolle des Flugzeugs als Massentransportmittel.

Pan Am beförderte in den ersten drei Monaten des Jahres 1959 an Bord seiner Boeing 707-Flotte bereits 33.400 Fluggäste. Und das im ersten Betriebsjahr fast konkurrenzlos. Denn bis auf die kleineren Comet 4 der BOAC flogen keine weiteren Jets im Liniendienst auf Nordatlantikstrecken. Der Grund: Pan Am hatte fast zwölf Monate lang die Boeing 707-Endmontagelinie mit ihren Bestellungen blockiert. Da Douglas mit seinem DC-8 Programm gegenüber der Boeing 707 um ein Jahr im Rückstand war, kamen die ersten Maschinen der konkurrierenden Douglas DC-8-30 erst ab 1960 auf dem Nordatlantik zum Einsatz. Unter anderem bei KLM, SAS und Swissair.

DAS FANTRIEBWERK WIRD GEBOREN

Die Basisversionen der Boeing 707 und Douglas DC-8 wurden zunächst von Pratt & Whitney JT-3-Jetmotoren angetrieben. Dieses einzige zivile, in der erforderlichen Leistungsstärke verfügbare Triebwerk aus US-amerikanischer Produktion war eine Ableitung aus dem militärischen J-57 Motor, den Boeing bereits als Antrieb für den B-52 Bomber nutzte. Dem JT-3 folgte das etwas leistungsstärkere JT-4 – doch beiden Triebwerken war gemein, dass sie über kein Nebenstromverhältnis verfügten. Diesen bedeutenden Evolutionsschritt vollzog der britische Triebwerkshersteller Rolls-Royce mit dem ersten zivilen Mantelstrom-Triebwerk der Welt vom Typ »Conway«. Es war dank des vorgeschalteten Fans wirtschaftlicher und leiser als reine Turbojets. Lufthansa wurde Erstkundin des »Conway« für die Boeing 707, die nun als Version »430« bezeichnet wurde. Die amerikanische Antwort folgte kurz darauf in Form des Pratt & Whitney JT3D Fan-Triebwerks, das zum Standardantrieb aller weiteren Versionen der 707 und DC-8 avancierte. Die Geschichte des JT3D ist eine typische Episode der damaligen Zeit, in der das Wort eines Managers mehr galt, als seitenlange Verträge. Aufgeschreckt durch die Ankündigung von General Electric, einen sparsamen und leistungsstarken Fan-Motor für die projektierte Convair 990 zu entwickeln, fürchtete Boeing um Aufträge für seine Jet-Muster 707 – sowie die etwas kleinere 720. So wurde die Entwicklung des JT3D über ein paar Drinks am Rande einer im Januar 1958 stattfindenden Luftfahrtkonferenz zwischen Pratt & Whitney und Boeing beschlossen. Wenige Tage später präsentierte der Triebwerkhersteller bereits konkrete Leistungsdaten – und der Rest ist Geschichte. Vor allem durch den leistungsstarken Pratt & Whitney Fan-Motor wurde die Boeing 720B zu einem der CV 990 überlegenen Flugzeugmuster und drängte Convair aus dem zivilen Flugzeugmarkt.

Der Erfolg der Boeing 707 war vorwiegend darin begründet, dass Boeing maßgeschneiderte Modelle anbot. Darunter eine verkürzte Version 707-138B, die speziell für die australische Qantas gebaut wurde, und über eine größere Reichweite verfügte. Andere Spezialausführungen entwickelte Boeing beispielsweise für Braniff, die eine Maschine für hoch gelegene Flugplätze auf ihrem südamerikanischen Streckennetz benötigte. Die Produktion der zivilen Boeing 707 wurde im Jahr 1978 nach 725 gebauten Exemplaren eingestellt.

Boeing 707-300 der Trans World Airlines (TWA) im Anflug auf den Frankfurter Flughafen.

Besuch der Comet 3 G-ANLO am Johannesburger Jan Smuts Airport.
(Transnet Heritage Foundation)

ERSTE WELTUMRUNDUNG EINES JETLINERS

DE HAVILLAND D.H. 106 »COMET 3«

Im Oktober 1952, und somit lange vor der Absturzserie und dem vorläufigen Ende der »Comet«-Produktion im Frühjahr 1954, bestellte die legendäre Pan American World Airways drei Comet 3, und erteilte sieben Optionen für dieses Muster. Mit einer Rumpflänge von 33,99 m und ihren ovalen Fenstern, unterschied sich die Comet 3 erheblich von ihren beiden Vorgängerinnen. So entsprach die Comet 3 bereits in ihren Dimensionen und zahlreichen technischen Details der später angebotenen Comet 4. Ihre Kabine war für 78 Passagiere ausgelegt, und Pan American plante sogar, nur maximal 60 First Class-Passagiere im »President Service« an Bord zu verwöhnen. Am 2. Dezember 1955 startete de Havilland Chef-Testpilot John Cunningham am Steuer der in BOAC-Farben lackierten Comet 3 G-ANLO in Hatfield zum spektakulären Flug rund um den Globus. Der Flugweg führte von Großbritannien aus zunächst über Ägypten, Indien und Singapur nach Australien. Von dort aus ging es über Neuseeland, die Fidschi Inseln und Hawaii weiter in das kanadische Vancouver. Nächste Stationen waren Toronto und Montreal, bevor die Comet 3 über den Nordatlantik flog und am 28. Dezember am London Airport landete. Die letzte, 6.204 km lange Etappe von Montreal nach London legte Cunningham in einer Rekordzeit von sechs Stunden und acht Minuten zurück. Im Vergleich zum schnellsten Propliner der 50er-Jahre halbierte die Comet 3 die Flugzeit! Wo immer die elegante »Comet« landete, waren nicht nur die Vertreter der Fluglinien beeindruckt. Diese Werbekampagne zahlte sich für de Havilland aus, deren Entwurf der Comet 4 bereits entstand und nur wenige Jahre später endgültig die Reputation des ersten, in Serie gebauten Düsenverkehrsflugzeugs retten sollte. In den Folgejahren diente G-ANLO bei de Havilland als Testflugzeug für diverse Comet 4-Varianten, bevor sie unter anderem bei der britischen Luftfahrt-Erprobungsstelle Royal Aircraft Establishment (RAE) in Bedford als Testmaschine für Blindlandesysteme genutzt wurde. 1972 endete schließlich der Einsatz der einzigen Comet 3. Sie wurde bis auf ihren Rumpf verschrottet, der zunächst noch als Mock-up für die Entwicklung des »Nimrod« U-Bootjägers im damaligen Hawker Siddeley-Werk Woodford Verwendung fand.

HERSTELLER	DE HAVILLAND, HATFIELD, GROSSBRITANNIEN
ERSTFLUG	19.07.1954
GEBAUTE EXEMPLARE	1
SPANNWEITE	35,00 m
LÄNGE	33,99 m
HÖHE	8,99 m
MOTOREN	4 X ROLLS-ROYCE »AVON« 502
REISEGESCHWINDIGKEIT	Ca. 805 km/h
REICHWEITE	Ca. 4.320 km
BESATZUNG	3-5 (COCKPIT)

SAS bestellte ihre ersten Jetliner in Frankreich. Das Outfit der abgebildeten SAS-Stewardess entwarf Christian Dior. (SAS)

BELLE DU JOUR
DIE SCHÖNE DES TAGES

SUD AVIATION S.E. 210 »CARAVELLE«

Wenn das Sprichwort des Flugzeugbaus »Was gut aussieht, fliegt auch gut« auf ein Flugzeugmuster zutrifft, dann auf die französische »Caravelle«. Ihre Konstruktion glich einer technischen Revolution im Flugzeugbau. Als Novum verfügte der weltweit erste speziell für Kurz- und Mittelstrecken konstruierte Jet über zwei im Heck angeordnete Motoren. Dieses später bei der BAC 1-11, Douglas DC-9 und Tupolew Tu-134 übernommene Design begrenzte den Lärm in der Fluggastkabine auf die hinteren Sitzreihen. Das machte eine Reise an Bord der S.E. 210 für die meisten Passagiere zu einem sehr angenehmen Erlebnis. Kein Wunder, dass die »Caravelle« hoch in der Gunst der Flugreisenden stand. Begeistert zeigten sich nicht nur die Fluggäste, sondern auch jene Piloten, die das Privileg hatten, auf der S.E. 210 geschult zu werden. Mit welchem Jetliner konnte man schon wie ein Segelflugzeug in der Thermik unter den Wolken seine Kreise ziehen, während die beiden Rolls-Royce »Avon«-Jetmotoren nur im Leerlauf mit drehten?

HERSTELLER	SOCIÉTÉ NATIONALE DE CONSTRUCTION AÉRONAUTIQUE DU SUD-EST AVIATION, TOULOUSE, FRANKREICH
ERSTFLUG	27.05.1955
GEBAUTE EXEMPLARE	282
SPANNWEITE	34,30 m
LÄNGE	32,00 m
HÖHE	8,72 m
MOTOREN	2 X ROLLS ROYCE RA-29 MK-527
REISEGESCHWINDIGKEIT	Ca. 830 km/h
REICHWEITE	Ca. 2.946 kM
BESATZUNG	2-3 (COCKPIT)

Swissair S.E. 210 III-Version

Die S.E. 210 war das Ergebnis eines nationalen französischen Wettbewerbs, an dem die Flugzeughersteller Bréguet / SNCA du Nord, Hurel-Dubois, SNCA du Sud-Ouest und SNCA du Sud-Est mit ihren Jet-Entwürfen teilnahmen. Auffällig sind die identischen Bugsektionen der S.E. 210 sowie jene der de Havilland D.H. 106 »Comet«. Obgleich keine anderen Konstruktionsmerkmale übernommen wurden, lieferte der britische Flugzeughersteller die Details für die markante, vordere Rumpfsektion des französischen Musters.

Zunächst als dreistrahliges Flugzeug mit französischen S.N.E.C.M.A. Atar E3-Motoren konzipiert, änderte Sud-Est ihre X-210 auf Wunsch des Auswahlkomitees in eine zweimotorige Version mit schubstärkeren Rolls-Royce R.A. 16 »Avon«-Triebwerken. Dieses Konzept wurde dem französischen Sekretariat für Zivilluftfahrt (SGACC) im Juli 1952 zur Begutachtung vorgelegt. Das Design schien auf Anhieb überzeugt zu haben, denn nur zwei Monate später erhielt die Société Nationale de Construction Aéronautique du Sud-Est Aviation

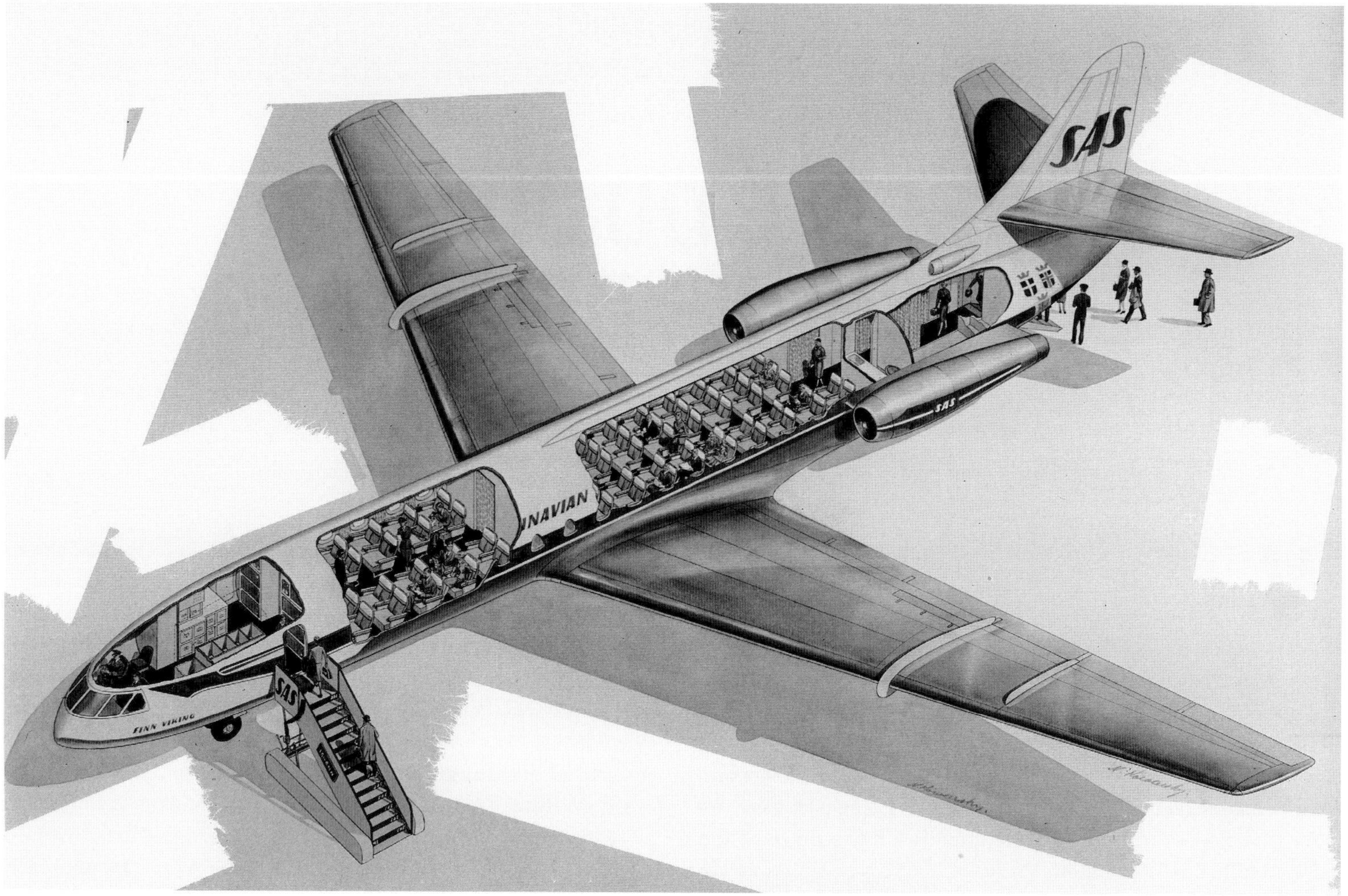

Schnittzeichnung einer S.E. 210 III der skandinavischen Fluglinie SAS. Bis in die 70er-Jahre flog SAS ihre »Caravelle« in einer kombinierten First Class-/ Economy Class-Version. (SAS)

(SNCASE), kurz Sud-Est Aviation, den Zuschlag. Im Februar 1953 begannen die Arbeiten an zwei flugfähigen Prototypen. Dazu kamen je ein Rumpf für Materialermüdungstests im Wassertank sowie statische Versuche. Schon vor der endgültigen Auftragsbestätigung durch das SGACC am 2. Juli 1953 verlor das Projekt seinen »X«-Versuchsstatus und hieß fortan offiziell S.E. 210.

Am 3. Februar 1956 erteilte die staatliche Fluglinie Air France eine Erstbestellung über zwölf Flugzeuge und sicherte sich gleichzeitig zwölf Optionen. Doch dann blieben die Auftragsbücher in Toulouse zunächst leer. Obgleich die »Caravelle« internationales Aufsehen erregte, konnte sich keine Airline zur Bestellung des technologisch revolutionären Jets durchringen. Neben der Kernfrage der Wirtschaftlichkeit des damals neuen Jet-Antriebs auf Kurz- und Mittelstrecken, machten die zahlreichen, innovativen Konstruktionsdetails misstrauisch. War die S.E. 210 doch der erste Jet, bei dem die Steuerimpulse ausschließlich über Hydraulikleitungen an die Ruder geleitet wurden. Großflächig kam auch der Industrie-Klebstoff Redux zur Gewichtsreduzierung zum Einsatz, der bereits bei der »Comet« Verwendung fand. Und nicht zuletzt war Sud-Est Aviation ein unbeschriebenes Blatt im zivilen Flugzeugbau, deren Verkäufer zudem mit Sprachproblemen zu kämpfen hatten. So gut wie niemand im Unternehmen sprach damals Englisch – und umgekehrt waren die Französisch-Kenntnisse bei den Airline-Einkäufern begrenzt. So wäre die Geschichte der »Caravelle« womöglich nur von kurzer Dauer gewesen, wenn nicht die skandinavische Airline SAS an der eleganten Südfranzösin Gefallen gefunden hätte.

Die Begeisterung der Dänen, Norweger und Schweden ging quer durch das Unternehmen, und beschränkte sich keinesfalls auf den Airline-Vorstand. Vielmehr löste das Erscheinen des eleganten Jets, den Sud-Est Aviation mehrfach zur Vorführung in den hohen Norden schickte, unter den ansonsten eher kühlen Skandinaviern ein wahres »Caravelle-Fieber« aus. Eigens für die Passagiere der Demonstrationsflüge eröffnete am Flughafen Kopenhagen-Kastrup der Pub »Caravelle Inn«. Der von SAS in Auftrag gegebene Song »Caravelle Samba« feierte den eleganten Jet mit den Worten: »Voici la Caravelle ... she's really something swell.« Wo immer SAS eine Strecke mit den eleganten Jets eröffnete, waren die lokalen Tageszeitungen voll euphorischer Berichte. Auf zahlreichen Pressereisen hatten Journalisten zudem Gelegenheit, sich einen persönlichen Eindruck von einem Flug mit dem neuartigen Kurz- und Mittelstreckenjet zu machen. Überschwänglich feierten die meisten Berichte die Eleganz des Flugzeugs, den Komfort an Bord, und die Schnelligkeit des neuen Strahlantriebs – genau so, wie es sich die SAS PR-Abteilung erhofft hatte.

Am 25. Mai 1957 fasste das SAS-Direktorium den Beschluss zum Kauf von zunächst sechs S.E. 210 »Caravelle«. Dieser Auftrag hatte einen erheblichen Prestigewert, da die Skandinavier in den 50er-Jahren nach ihrer Pionierleistung bei der Entwicklung des Polarflugverkehrs als technologische Trendsetter in der Luftverkehrsbranche galten. Und so ließen sich Alitalia, Finnair und die brasilianische Varig nicht lange bitten, ebenfalls den neuen Jetliner in Toulouse zu bestellen.

Am 13. April 1959 traf die erste, für SAS bestimmte, S.E. 210 Caravelle I mit der Baunummer 03 in Stockholm-Bromma ein. »Finn Viking« startete bereits wenige Tage später, am 26. April 1959, zum Erstflug von Kopenhagen nach Beirut. Damit hatte SAS noch vor Air France die Ehre, als weltweit erste Fluggesellschaft eine »Caravelle« im Liniendienst einzusetzen. Vielleicht war dies der Dank der Franzosen an das SAS-Management, ohne dessen Weitsichtigkeit diesem revolutionären Entwurf mit hoher Wahrscheinlichkeit der kommerzielle Erfolg verwehrt geblieben wäre.

Air France setzte mit bis zu 46 Maschinen nicht nur die größte »Caravelle«-Flotte ein, sondern nutzte sie auch am längsten von allen Kunden der ersten Stunde. Die letzte S.E. 210 III verließ erst 1981 die Flotte – nach über zwei Jahrzehnten im Liniendienst.

Den S.E. 210 I-, IA- und III-Versionen folgte die Caravelle VI-N mit zwei Rolls-Royce »Avon« Mk. 531 Aggregaten. Erstkunde United Airlines bestellte am 25. Februar 1960 zwanzig VI-R, die als erste »Caravelle«-Ausführung über eine Schubumkehr verfügten. Mit ihr wurde der Bremsschirm der Vorgängermuster überflüssig, den die ersten S.E. 210-Varianten für Landungen auf kurzen und nassen Pisten benötigten. Nach einer Forderung der US-Luftfahrtbehörde FAA erhielten die für United bestimmten Maschinen erstmals größere Cockpitscheiben, die den Piloten einen besseren Rundumblick ermöglichten. Sie gehörten fortan zum Standard aller folgenden Varianten der S.E. 210.

Einen Durchbruch im US-Markt erhoffte sich Sud Aviation nach der Bestellung von 20 Caravelle VII durch Trans World Airlines Inc. (TWA) im September 1960. Sie sollten mit General Electric CJ805-23C Fantriebwerken ausgerüstet werden, die auf dem Antrieb der Convair CV 990 »Coronado« basierten. Nachdem TWA die Order aus wirtschaftlichen Gründen wieder storniert hatte, bot Sud Aviation den Motor als Ausstattung der Caravelle 10A an, für die sich jedoch keine Airline erwärmen konnte.

Erfolgreicher war die S.E. 210 10B-Version, mit dem damals zum Branchenstandard zählenden Pratt & Whitney JT8D-1 Fantriebwerk, das auch die ersten Boeing 737 und Douglas DC-9 Varianten antrieb. Die Caravelle 10B- und 10R-Modelle mit schubstärkeren JT8D-7 Motoren sowie die Kombi-Version 11R bereiteten schließlich den Weg zur ultimativen »Caravelle«-Variante. Die dänische Charter-Airline Sterling war Erstkundin für diese Caravelle 12, deren Rumpf gegenüber dem Basismodell um mehr als 6 m gestreckt wurde. Die mit zwei JT8D-9 Motoren ausgerüstete Caravelle 12 konnte in einer Charterbestuhlung bis zu 140 Passagiere aufnehmen. Nach der Auslieferung von fünf weiteren »Super Douze« (Super Zwölf) an die französische Inlandslinie Air Inter, endete die Produktion der S.E. 210 Caravelle im Jahr 1972 nach insgesamt 282 gebauten Flugzeugen.

LTU
D-ANYL
Caravelle
LTU

Linke Seite: Eine von fünf S.E. 210 »Caravelle« 10R der deutschen Charter-Fluggesellschaft LTU. Sie gelangten zwischen 1968 und 1979 ab Düsseldorf zu Urlaubsregionen rund um das Mittelmeer zum Einsatz. (LTU)

Rechts: Die aus S.E. 210 und Fokker F-28 bestehende LTU-Flotte der späten 60er-Jahre. (LTU)

Ту-104

Dieses Motiv einer Aeroflot-Werbepostkarte zeigt eine künstlerische Interpretation der Tu-104.

BEWÄHRUNGSPROBE BESTANDEN

TUPOLEW TU-104

Nachdem die de Havilland D.H. 106 »Comet« im Jahr 1954 auf Grund von Konstruktionsfehlern ihre Musterzulassung verloren hatte, ging die sowjetische Tupolew Tu-104 am 17. Juni 1955 als weltweit erstes Strahlverkehrsflugzeug an den Start, das sich nachhaltig im regulären Flugbetrieb bewährte.

Hinter dem damaligen »Eisernen Vorhang« stellte Aeroflot dieses Muster erstmals am 15. September 1956 auf der Strecke Moskau–Omsk–Irkutsk in Dienst. Die westliche Premiere des Prototypen der Tu-104 am 22. März 1956 führte zu einem Chaos am London Airport. Fotografen und Schaulustige auf dem Vorfeld sowie hinter dem Flughafenzaun zeigten sich an jenem Tag genauso von dem sowjetischen Jet beeindruckt wie die anwesenden Fachleute.

Der Flugverbindung zwischen Moskau und Irkutsk folgten schnell weitere Destinationen innerhalb der UdSSR, aber auch zu den westeuropäischen Metropolen Amsterdam, Brüssel, Kopenhagen, London und Paris. In Asien reichte das mit Tu-104 beflogene Aeroflot-Streckennetz bis nach Delhi, Rangun und in die indonesische Hauptstadt Jakarta.

Der ersten Version für maximal 50 Passagiere folgte im Jahr 1958 die Tu-104A mit Platz für 70 Fluggäste. Mit der finalen, um 1,20 m gestreckten Tu-104B, konnten ab 1959 maximal 100 Reisende befördert werden. Neben Aeroflot und der Sowjetischen Luftwaffe setzte auch die damalige tschechoslowakische CSA Tu-104 auf ihrem Streckennetz ein.

Der schnittige Entwurf von Andrei Nikolajewitsch Tupolew brachte nicht nur die sowjetische Fluglinie Aeroflot in das Jet-Zeitalter, sondern diente seinerseits als Blaupause für die darauf folgenden Tu-124 und Tu-134 Mittelstrecken-Jets.

Die eingesetzten Tu-104 bewährten sich so gut, dass das letzte sowjetische Exemplar erst im Jahr 1981 wieder ausgemustert wurde.

HERSTELLER	TUPOLEW, MOSKAU, UDSSR
ERSTFLUG	17.06.1955
GEBAUTE EXEMPLARE	Ca. 200
SPANNWEITE	34,50 m
LÄNGE	38,90 m
HÖHE	11,90 m
MOTOREN	2 X MIKULIN RD-3 M
REISEGESCHWINDIGKEIT	Ca. 800 km/h
REICHWEITE	Ca. 3.000 km
BESATZUNG	5 (COCKPIT)

Tu-104A-Version

Zwei Exemplare jenes Jetliners, der nachhaltig das Zeitalter des Düsenluftverkehrs eröffnete. Die bereits vorher im Liniendienst eingesetzten D.H. 106 »Comet« mussten nach nur zwei Jahren in Folge von Materialermüdung wieder ausgemustert werden. (Archiv Flughafen Berlin Brandenburg GmbH)

In der verglasten Bugkanzel der Tu-104 befand sich der Arbeitsplatz des Navigators. (Archiv Flughafen Berlin Brandenburg GmbH)

Abfertigung einer Comet 4 der East African Airways am Jan Smuts Airport von Johannesburg. East African war die gemeinsame Fluglinie von Kenia, Uganda, Tanganjika und Sansibar, die vor ihrer Unabhängigkeit britische Kolonien waren. East African setzte die erste von drei bestellten Comet 4 ab 17. September 1960 ein, und noch im gleichen Jahr entstand die Aufnahme dieses Flugzeugs in Südafrika. (Transnet Heritage Foundation)

EHRENRETTUNG DER BRITISCHEN LUFTFAHRT

DE HAVILLAND D.H. 106 »COMET 4«

Es ist Geoffrey de Havilland und seiner Mannschaft hoch anzurechnen, dass sie nach den verheerenden »Comet«-Katastrophen der Jahre 1953 und 1954 und dem damit verbundenen Imageschaden für das Unternehmen de Havilland sowie für das Flugzeugmuster D.H. 106 nicht kapitulierten. Ganz im Gegenteil – das »Comet«-Team schrieb 1958 erneut Luftfahrtgeschichte. Doch diesmal im positiven Sinne mit einem Erstflug, der sinnbildlich als letztes Aufbäumen gegen die übermächtige US-amerikanische Luftfahrtindustrie zu werten ist.

Es war der 4. Oktober 1958, als sich die beiden BOAC Comet 4 mit den Kennzeichen G-APDB und G-APDC auf halbem Weg über dem Nordatlantik in sicherer Entfernung begegneten. Die Premierenflüge des ersten transatlantischen Jet-Linienverkehrs von London nach New York, beziehungsweise New York nach London, waren bis auf den letzten Platz mit Ehrengästen belegt. Erst rund drei Wochen später, am 26. Oktober, trat Pan American mit ihrer Boeing 707-121 auf dem Nordatlantik zu BOAC in Konkurrenz.

HERSTELLER	DE HAVILLAND, HATFIELD, GROSSBRITANNIEN
ERSTFLUG	27.04.1958
GEBAUTE EXEMPLARE	29
SPANNWEITE	35,00 m
LÄNGE	33,99 m
HÖHE	8,99 m
MOTOREN	4 X ROLLS-ROYCE »AVON« 524
REISEGESCHWINDIGKEIT	Ca. 810 km/H
REICHWEITE	Ca. 5.190 km
BESATZUNG	3-5 (COCKPIT)

Viereinhalb Jahre lagen zwischen dem Entzug der »Comet«-Musterzulassung und diesem bemerkenswerten PR-Coup von de Havilland und BOAC, der beinahe an einem Streik des BOAC-Bodenpersonals am London Airport gescheitert wäre. Gerüchte besagen, dass die Piloten des Premierenfluges nach New York selbst am Steuer des Schleppers saßen, der das Flugzeug vom Wartungshangar zum Flugsteig zog!

Dass de Havilland in der Lage war, binnen so kurzer Zeit eine sichere Version der D.H. 106 anzubieten, lag hauptsächlich an der Entwicklung der Comet 3, die ursprünglich die Rolle der späteren Comet 4 als Langstreckenversion übernehmen sollte. Sie war bereits am 19. Juli 1954 zu ihrem Erstflug gestartet und diente auf Grund ihrer identischen Maße als Blaupause für die Comet 4. Obgleich sie nicht über die verstärkten Rumpfbeplankung verfügte, und daher aus Sicherheitsgründen auf eine maximale Flughöhe von 6.000 m beschränkt war, konnten die identischen aerodynamischen Parameter für die Zulassung der Comet 4 genutzt werden.

Während die Comet 3 einen Großteil des Flugerprobungsprogramms für die Comet 4 absolvierte, verwendete BOAC seine umgebauten Comet 2E, um Erfahrungen mit dem damals neuen Rolls-Royce »Avon«-Triebwerkstyp zu sammeln. Im Juni 1958 flog G-AMXK zudem zahlreiche Testflüge ab London zu nordamerikanischen Destinationen, die BOAC wertvolle Erfahrungswerte für den geplanten transatlantischen Linienverkehr mit Jetfluggerät lieferten. Von den insgesamt 3.850 Flugstunden, die BOAC mit ihren Comet 2E auf Streckenerprobungsflügen verbuchte, entfielen allein 423 auf die Nordatlantikrouten.

MUSTER	DE HAVILLAND D.H. 106 COMET 4B
ERSTFLUG	27.06.1959
GEBAUTE EXEMPLARE	18
SPANNWEITE	32,88 m
LÄNGE	35,97 m
HÖHE	8,99 m
MOTOREN	4 X ROLLS-ROYCE »AVON« 524
REISEGESCHWINDIGKEIT	Ca. 856 km/h
REICHWEITE	Ca. 2.961 km
BESATZUNG	3-4 (COCKPIT)

MUSTER	DE HAVILLAND D.H. 106 COMET 4C
ERSTFLUG	21.05.1960
GEBAUTE EXEMPLARE	28
SPANNWEITE	35,00 m
LÄNGE	35,97 m
HÖHE	8,99 m
MOTOREN	4 X ROLLS-ROYCE »AVON« 524B
REISEGESCHWINDIGKEIT	Ca. 810 km/h
REICHWEITE	Ca. 4.168 km
BESATZUNG	3-5 (COCKPIT)

Pan Am Gründer und Präsident Juan T. Trippe war von den Flugleistungen der »Comet« überzeugt. Zwar musste er seine Bestellung für drei Comet 3 nach dem Verlust der Musterzulassung im April 1954 stornieren, doch hielt er an diesem Flugzeugmuster für die Pan Am Tochtergesellschaft Cia. Mexicana fest. Sie setzte ab 1960 drei fabrikneue Comet 4C, und von 1964 an zusätzlich zwei von BOAC gebraucht gekaufte Comet 4 ab Mexico City im Rahmen des »Golden Aztec Service« zu zahlreichen Zielen in Mittel- und Nordamerika ein. Diverse Quellen sprechen davon, dass Trippe den Versprechungen Boeings über die Zuverlässigkeit der 707 nicht traute, und die Comet 4C im Zweifelsfall als Rückversicherung für Pan Am gedacht waren. Dieser Notfallplan kam jedoch nicht zur Anwendung, und so verblieben die bei Besatzungen und Passagieren beliebten de Havilland-Jets bis 1970 in Mexiko.

Welches Potential in dem ursprünglichen Entwurf von R.E. Bishop aus dem Jahr 1945 steckte, zeigte die nochmalige Weiterentwicklung der De Havilland Comet 4 zur ultimativen Langstrecken-Version Comet 4C mit nochmals verlängertem Rumpf. Bemerkenswert war auch der Kurz- und Mittelstreckenjet Comet 4B mit seinen verkürzten Tragflächen und dem langen Rumpf der 4C-Serie.

Während sich BOAC und die ebenfalls staatliche britische Fluglinie für europäische Strecken, BEA, allein schon aus Staatsraison zum Kauf der »Comet« verpflichtet sahen, zählte die unabhängige britische Charter-Airline Dan-Air London zu den echten Fans dieses Flugzeugmusters. Zwischen 1966 und 1980 erwarb Dan-Air nicht weniger als 48 Exemplare der Comet 4, 4B, 4C sowie der Militärausführung C4. Nicht alle Maschinen kamen jedoch auf dem Streckennetz zu europäischen Sonnenzielen zum Einsatz, sondern wurden teilweise zur Ersatzteilgewinnung verwendet. Zuletzt flog Dan-Air im Jahr 1980 noch mit fünf verbliebenen Comet C4, die bis 1975 beim 216 Squadron der Royal Air Force auf Truppentransporten zum Einsatz gelangten.

Das zivile »Comet«-Zeitalter ging schließlich am 9. November 1980 mit dem letzten Flug einer dieser ex Royal Air Force Comet C4 mit dem Kennzeichen G-BDIW endgültig zu Ende.

Diverse De Havilland Comet 4 und 4C sind in amerikanischen, britischen und auch deutschen Luftfahrtmuseen zu besichtigen. Darunter eine einstige Maschine der Dan-Air, die in der Flugausstellung Junior in Hermeskeil im Hunsrück gezeigt wird.

Oben: Ein von British European Airways (BEA) veröffentlichtes Pressefoto der Comet 4B Mittelstreckenversion.

Rechts oben: Die mexikanische Aerovias Guest nutzte zeitweilig von Mexicana gemietete Comet 4 für ihre Linienflüge ab Mexico City nach Miami und Paris. Bevor wie geplant eigene D.H. 106 beschafft werden konnten, wurde das Tochterunternehmen der Scandinavian Airlines im Jahr 1963 von Aeronaves de Mexico übernommen.

Rechts unten: Diese BOAC-Werbebroschüre vermittelt einen Eindruck von der Eleganz, Geschwindigkeit und dem Komfort an Bord der Comet 4.

Als die DC-8-32-Langstreckenversion erstmals in Europa zum Einsatz kam, war der Vierstrahler eine Sensation. Wie hier am Flughafen Kopenhagen-Kastrup blieben die Menschen stehen und bestaunten den großen Douglas-Jet. (SAS)

EIN GROSSER WURF

DOUGLAS DC-8

Firmenpatriarch Donald Wills Douglas Sr. hatte es mit dem Eintritt seiner 1920 gegründeten Flugzeugwerke in das Jet-Zeitalter nicht eilig. Im Gegensatz zu Boeing verfügte die Douglas Aircraft Company über ein beachtliches Auftragspolster von 275 DC-6 und DC-7 Proplinern, als 1952 jenseits des Atlantiks die britische de Havilland Comet 1 als erster in Serie gebauter Passagierjet der Welt in den Liniendienst ging. Donald Douglas war sich zudem nicht sicher, ob die Airlines nach einem globalen Investment von rund 1,5 Milliarden US-Dollar in neue Propellerflugzeuge bereit wären, ihre noch nicht abgeschriebenen Maschinen binnen weniger Jahre durch schnellere Jets zu ersetzen. Schließlich würden ihre Flotten dadurch massiv an Wert verlieren, und die Fluglinien hätten beträchtliche Verluste zu verbuchen.

Als Skeptiker des neuen Jetantriebs erwies sich vor allem C.R. Smith, Präsident des Douglas-Großkunden American Airlines. Er drängte Douglas stattdessen zur Entwicklung des mit Curtiss Wright 3350-Kolbenmotoren ausgerüsteten DC-7 Propliners, um die noch langsamere Lockheed L-1049 »Super Constellation« der konkurrierenden Trans World Airlines werbewirksam aus dem Feld zu schlagen. Der DC-7 Projektstart erfolgte 1951, während in Großbritannien und Kanada die Vorbereitungen für das Jet-Zeitalter auf Hochtouren liefen, und auch Boeing bereits an Plänen für ein erstes ziviles Düsenverkehrsflugzeug arbeitete.

Obgleich er große Summen in die neue DC-7 alter Technologie investiert hatte, wollte Donald Douglas wenigstens einen Fuß in der Tür zum sich anbahnenden Jet-Luftverkehr behalten. Daher etablierte er im Juni 1952 ein kleines Projektbüro im kalifornischen Santa Monica, dessen Aufgabe es war, Studien über einen möglichen Jetliner des Unternehmens vorzubereiten. Für Douglas ging es um nicht weniger als die Existenz des Unternehmens, das bereits in dieser frühen Planungsphase zeitlich gegenüber Boeing in Verzug geraten war.

Mit wem die Douglas-Ingenieure auch sprachen – die Mei-

HERSTELLER	DOUGLAS AIRCRAFT COMPANY, LONG BEACH, KALIFORNIEN, USA
ERSTFLUG	30.05.1958
GEBAUTE EXEMPLARE	57 (556 ALLE VERSIONEN)
SPANNWEITE	43,46 m
LÄNGE	45,90 m
HÖHE	12,90 m
MOTOREN	4 X PRATT & WHITNEY JT4A-9
REISEGESCHWINDIGKEIT	Ca. 885 km/h
REICHWEITE	Ca. 6.450 km
BESATZUNG	3-5 (COCKPIT)

Swissair DC-8-32 Version

Gleich einer Skulptur des Jetzeitalters hängt dieses Pratt & Whitney JT4-A9-Triebwerk unter einer DC-8-32. (SAS)

nungen über die richtige Größe des nun DC-8 genannten Projektes gingen weit auseinander. Vor allem Pan American drängte auf einen Jet, dessen Dimensionen mit dem im April 1952 offiziell angekündigten Boeing 367-80 »Dash 80« Versuchsträger vergleichbar sein sollten. Andere Fluglinien wiederum bevorzugten einen kleineren Jet mit geringerer Sitzplatzkapazität.

Ermöglicht wurden die Planungen von Boeing und Douglas durch die Entwicklung des zivilen Pratt & Whitney JT3-Triebwerks, das aus dem militärischen J57-Motor abgeleitet wurde. Sowohl Boeing als auch Douglas hatten mit dem J57 bereits bei eigenen Militärjets gute Erfahrung gesammelt, und vertrauten daher auf die Zuverlässigkeit des zivilen JT3 für die ersten Versionen ihrer vierstrahligen Passagiermaschinen.

MUSTER	**DC-8-55**
ERSTFLUG	20.12.1960
GEBAUTE EXEMPLARE	143 (INKL. AF & CF VERSIONEN)
SPANNWEITE	43,40 m
LÄNGE	45,90 m
HÖHE	13,20 m
MOTOREN	4 X PRATT & WHITNEY JT3D-3B
REISEGESCHWINDIGKEIT	Ca. 855 km/h
REICHWEITE	Ca. 8.400 km
BESATZUNG	3-4 (COCKPIT)

SAS-Version

Während die de Havilland »Comet« im April 1954 in Folge von Materialermüdung und nach einer spektakulären Absturzserie wieder aus dem Verkehr gezogen wurden, schickte Boeing nur drei Monate nach deren »Grounding« seine 367-80 »Dash 80« an den Start, aus der später die zivile Boeing 707 sowie die militärische KC-135 hervorgingen. Douglas hingegen, durch das anfängliche Zögern des Firmenpatriarchen ins Hintertreffen geraten, hatte zu jenem Zeitpunkt nicht viel mehr als erste Entwürfe und ein hölzernes Rumpfmodell, wenn auch in Originalgröße, zu bieten.

DER RÜCKSCHLAG

Douglas konnte sich aus Kostengründen keinen Versuchsträger, wie die Boeing »Dash-80« des Erzrivalen aus Seattle, leisten. Umso mehr hofften die Manager in Santa Monica auf eine Ausschreibung des US-Militärs für ein Tankflugzeug in der DC-8 Kategorie. Sollte das eigene Muster berücksichtigt werden, hätte dies einen Teil der enormen Entwicklungskosten aufgefangen, und somit die Existenz des gesamten Unternehmens gesichert. Umso größer war der Schock im Februar 1955, als Boeing vom US-amerikanischen Verteidigungsministerium exklusiv mit der Lieferung von 21 KC-135 Tankern beauftragt wurde. Während Boeing mit diesem Auftrag nicht nur die KC-135, sondern auch seinen »Dash-80« Versuchsträger und die Entwicklung der zivilen 707 querfinanzieren konnte, musste Douglas die Kosten der DC-8 komplett selbst tragen. Wollte das Unternehmen jedoch weiterhin eine aktive Rolle im zivilen Flugzeugbau spielen, gab es keine Alternative zur Fortsetzung des DC-8 Projektes.

Douglas offerierte Interessenten zunächst eine DC-8A »Domestic«-Version für kontinentale Routen innerhalb der USA, zur frühesten Auslieferung in 1956 sowie eine DC-8B »Overwater«-Variante ab 1958, für internationale Strecken zwischen den Kontinenten.

Am 13. Oktober 1955 gab Pan American-Präsident Juan T. Trippe die Bestellung von 25 DC-8 in der »Overwater«-Version mit weiter entwickelten Pratt & Whitney JT4-Triebwerken bekannt. Parallel dazu orderte er lediglich zwanzig Boeing 707-120, die zu diesem Zeitpunkt noch mit der schmaleren Passagierkabine der »Dash-80« und KC-135 angeboten wurden. Sie konnte daher nur mit fünf Sitzen in einer Reihe, statt sechs Sesseln in der DC-8 ausgestattet werden. Die Zukunft schien für Douglas besonders rosig, nachdem Trippe verkündete, künftig weitere DC-8 an Stelle von Boeing 707 bestellen zu wollen.

Nur zwölf Tage nach Pan Am erteilte United Air Lines eine Bestellung über 30 DC-8, gefolgt von der holländischen KLM als erstem Kunden aus Übersee. Bis Jahresende 1955 füllten sich die Auftragsbücher bei Douglas mit weiteren Bestellungen so prominenter Kunden wie Eastern Air Lines (26), National Airlines (6), Japan Air Lines (4) und Scandinavian Airlines (7). Die größere Kabinenbreite war nicht nur für Pan Am ein entscheidendes Kriterium, der DC-8 den Vorzug zu geben. Auch United Air Lines favorisierte aus diesem Grund den Douglas-Jet. Die Karten wurden zwischen Boeing und Douglas jedoch spätestens dann neu gemischt,

Prinzessin Margrethe von Dänemark genießt im Jahr 1960 an Bord einer DC-8-32 den SAS First Class-Service. Diese Variante der DC-8 war mit den eigens für dieses Flugzeugmuster entwickelten, und von Douglas patentierten »Palomar«-Passagiersitzen ausgestattet. (SAS)

Oben: Die deutsche Charterfluggesellschaft Atlantis setzte in den 70er-Jahren Douglas DC-8-63 auf ihren Langstreckenflügen in die USA ein.

Rechts oben: Abfertigung eines DC-8-55 Frachters der Air Canada.

Rechts unten: Ein DC-8-73-Frachter der Lufthansa Tochtergesellschaft German Cargo auf dem Vorfeld des Flughafens Frankfurt/Main. (Lufthansa)

als American Airlines das Boeing-Management davon überzeugen konnte, den Rumpf seines Vierstrahlers auf sechs Sitze pro Reihe zu verbreitern. Das beste Argument dafür war eine Bestellung über 30 Boeing 707 seitens American am 8. November 1955.

Die Entwicklung der DC-8 zog sich länger hin, als Douglas dies ursprünglich geplant hatte. Im Juni 1956 gab das Unternehmen bekannt, speziell für die DC-8 eine neue Endmontagelinie im kalifornischen Long Beach zu errichten. Die ersten Flugzeugteile entstanden ab September 1956, und parallel zur Fertigungshalle baute Douglas einen riesigen Wassertank für Materialermüdungstests, der einen kompletten DC-8 Rumpf aufnehmen konnte. Nach den fatalen Abstürzen der de Havilland »Comet« in Folge von Materialermüdung, hatte Douglas die DC-8 mit kleinen Rissstoppern aus Titan an den Rumpfspanten sowie sämtlichen Aussparungen, wie Türen, Serviceklappen und Fenstern versehen. Nach 113.000 im Wassertank simulierten Flügen zeigten sich an einem Aluminium-Fensterrahmen die ersten Risse, die jedoch von den Stoppern wie geplant mit einer großen Sicherheitsmarge aufgehalten wurden. Bis zum Erstflug der DC-8 simulierten die Ingenieure 120.000 Flüge mit aktivierter Druckkabine und beendeten das Programm nach weiteren 20.000 ereignislosen Starts und Landungen. Die DC-8 hatte erfolgreich ihre Zuverlässigkeit unter Beweis gestellt.

FLUGZEUGFAMILIE

Der Prototyp des neuen Douglas-Musters, »Ship One«, erhob sich erstmals am 30. Mai 1958 in die Lüfte. Nach einem umfangreichen Testflugprogramm und der Zulassung durch die US-Luftfahrtbehörde FAA am 31. August 1959 setzten die Erstkunden United Air Lines und Delta Air Lines ihre bereits ausgelieferten DC-8-11 zeitgleich ab dem 18. September 1959 im Liniendienst ein. Dieser Inlands-Version folgte mit den Serien DC-8-20, -30, -40 und -50 eine Vielzahl weiterer Varianten mit identischer Rumpflänge, jedoch unterschiedlichen Motoren und Reichweiten. Der erste große Evolutionsschritt waren die DC-8 »Super Sixty« Modelle DC-8-61, -62 und -63, deren Rümpfe verlängert wurden. Die Serien 62 und 63 verfügten zudem über Pratt & Whitney JT3D Fan-Triebwerke, die in schlanken Triebwerksgondeln untergebracht waren. Dazu kamen aerodynamisch überarbeitete Tragflächen und eine wesentlich größere Reichweite – bei der DC-8-62 betrug diese rund 10.000 km!

Die skandinavische SAS war nicht nur treibende Kraft bei der DC-8-62 Entwicklung, deren Details in einem Stockholmer Hotelzimmer von SAS- und Douglas-Vertretern festgelegt wurden, sondern erteilte am 4. April 1965 auch den ersten Auftrag über vier Maschinen der Serie 62. Als Pioniere des Polarluftverkehrs war SAS auf der Suche nach einem Jetliner, der die Distanz zwischen Skandinavien und der US-Westküste nonstop zurücklegen konnte. Eine Aufgabe, für die Douglas seine DC-8-62 maßgeschneidert hatte.

Neben SAS zählten zahlreiche andere europäische Airlines, wie Alitalia, Finnair, Iberia, KLM, Swissair und UTA zu den größten Kunden, dieses bei Passagieren und Besatzungen äußerst beliebten Vierstrahlers. In Deutschland und der Schweiz kam die DC-8 bei Charter-Airlines, wie Atlantis, Balair und Südflug für viele Jahre zum Einsatz. Und im August 1965 mietete selbst Lufthansa den DC-8 Prototypen für Charterflüge nach Nordamerika an.

Nachdem sich in den 70er-Jahren abzeichnete, dass vor allem in den USA strengere Lärmvorschriften in Kraft treten würden, wandten sich diverse nordamerikanische Airlines mit der Bitte an Douglas, leisere Triebwerksoptionen für die seit vielen Jahren im Einsatz stehenden DC-8 anzubieten. Pratt & Whitney offerierte seinen neuen JT8D-209 Motor, während die von pensionierten Douglas-Managern gegründete Cammacorp das wesentlich leisere und sparsamere CFM-56-1 zur Umrüstung der DC-8 Versionen -61, -62 und -63 anbot. Nachdem sich United Air Lines und Flying Tiger Lines für das Cammacorp-Konzept entschieden hatten, folgten schnell weitere Aufträge, unter anderem von Delta Air Lines und Cargolux. Im Jahr 1981 erteilte die US-Luftfahrtbehörde FAA den jetzt DC-8-71, -72 und -73 genannten Modellen die Zulassung.

Zu den frühen Betreibern der DC-8-73 zählte unter anderem die Lufthansa-Frachttochter German Cargo, die ihre fünf Maschinen in die 1994 gegründete Lufthansa Cargo AG mit einbrachte. Eine davon wurde in den Jahren 1985/86 zeitweilig mit einer Passagierkabine ausgerüstet, und an Condor für deren Charterflüge nach Nordamerika vermietet.

TECHNISCHE FINESSEN

Die DC-8 wartet mit einigen technischen Besonderheiten auf, die sie von den meisten anderen Jets ihrer Generation unterscheidet. So wird der Kabinendruck nicht direkt durch Zapfluft der Triebwerke, sondern über einen komplizierten Vorgang im Bug des Jets erzeugt. Am Anfang ist es wie bei modernen Jetmotoren auch: Zapfluft wird an einer Verdichterstufe der DC-8 Motoren abgenommen, treibt jedoch eine Turbine an, die ihrerseits mit einem Kompressor gekoppelt ist. Dieser saugt die Außenluft an, und komprimiert sie bis zum Erreichen des erforderlichen Kabinendrucks. Hintergrund war die Befürchtung der Douglas-Konstrukteure, dass die Pratt & Whitney JT3-Motoren der ersten Stunde undichte Lager aufweisen, deren Öldämpfe die Kabinenluft verunreinigen könnten. Ein Thema, das bis heute nicht an Brisanz verloren hat! Die Lufteinlässe für diese insgesamt vier, im Bug installierten Kompressoren verliehen der DC-8 ihr charakteristisches »Lächeln«.

Bis zur DC-8-50 verfügten die ersten Versionen zudem über ein hydraulisch steuerbares Hauptfahrwerk, das den Kurvenradius beim Manövrieren auf kleinen Flughafen-Vorfeldern reduzierte. Mit dem Fahrwerk hing auch eine weitere Besonderheit der DC-8 zusammen. Konnte man doch das Triebwerk Nummer 3 über das rechte Hauptfahrwerk starten, falls kein Bodenaggregat zur Verfügung stand. In dem Fahrwerk war eine Druckleitung eingebaut, über die komprimierte Luft der Stoßdämpfer in den Motor geleitet wurde, der damit in Schwung zu versetzen war. Den Strom zur Zündung der Brennkammern lieferte die Bordbatterie. Lief erst einmal Triebwerk Nummer drei, wurden darüber die übrigen drei Motoren gestartet. Ein in der Praxis selten angewandtes Verfahren, bei dem es auch nur einen einzigen Versuch gab!

Großen Wert legte Douglas auf die Gestaltung des DC-8 Kabinendesigns. Der damit beauftragte Jack Graves hatte vor dem großen Jet bereits das Interieur sämtlicher Douglas-Muster entworfen, angefangen mit der DC-4. Er verwirklichte bei der DC-8 ein fortschrittliches, modernes Konzept, das jedoch auch einen Hauch der alten Propeller-Ära in das Jetzeitalter rettete. So wäre es theoretisch möglich gewesen, wie im »Goldenen Zeitalter« des Luftverkehrs auf Nachtflügen Betten von der Kabinendecke herunter zu klappen. Analog zu den »Proplinern« der 50er-Jahre verfügten die ersten DC-8 Versionen zudem über Gardinen, statt Jalousien, an den Kabinenfenstern.

Speziell für die DC-8 ließ Douglas den »Palomar«-Passagiersitz entwerfen. In ihm waren sämtliche, bis heute üblichen Versorgungseinrichtungen, wie Frischluftdüse, Rufknopf für das Kabinenpersonal, Klapptisch und Sauerstoffmaske für den Notfall integriert. Eine fluoreszierende Leselampe war zudem an der Seite jeder Kopfstütze angebracht. Die einzelnen Sitzbänke wurden am Kabinenboden und seitlich an der Kabinenwand befestigt. In dieser seitlichen Aufhängung verliefen die Versorgungsleitungen für Strom und Luft. Somit konnten die Sitzbänke flexibel in der Kabine verschoben, beziehungsweise schnell ausgetauscht werden.

MUSTER	**DC-8-62**
ERSTFLUG	29.08.1966
GEBAUTE EXEMPLARE	67 (INKL. AF & CF VERSIONEN)
SPANNWEITE	45,22 m
LÄNGE	47,98 m
HÖHE	13,20 m
MOTOREN	4 X PRATT & WHITNEY JT3D-7
REISEGESCHWINDIGKEIT	Ca. 875 km/h
REICHWEITE	Ca. 9.800 km
BESATZUNG	3 (COCKPIT)

SAS-Version

MUSTER	**DC-8-63**
ERSTFLUG	10.04.1967
GEBAUTE EXEMPLARE	107 (INKL. AF, CF & PF VERSIONEN)
SPANNWEITE	45,20 m
LÄNGE	57,10 m
HÖHE	13,10 m
MOTOREN	4 X PRATT & WHITNEY JT3D-7
REISEGESCHWINDIGKEIT	Ca. 875 km/h
REICHWEITE	Ca. 8.300 km
BESATZUNG	3 (COCKPIT)

SAS-Version

Eine weitere Kuriosität: nicht an den einzelnen Sitzen, sondern an der Seitenverkleidung war die Armlehne, der am Fenster sitzenden Passagiere montiert. Sie führte in einem Stück von der ersten bis zur letzten Reihe der Länge nach durch die Kabine. Douglas hatte sich den »Palomar«-Sitz patentieren lassen, der bis zur Serie 50 in jedem DC-8 Passagierjet zum Einbau gelangte. Im Vergleich zur Boeing 707 verfügt die DC-8 über relativ wenige – dafür größere – Kabinenfenster. Sie sind für den Abstand der Rückenlehnen von 40 Inches (101,6 m) optimiert angeordnet worden. Douglas hatte sich hierfür die in den 50er-Jahren übliche First Class-Bestuhlung amerikanischer Airlines zum Vorbild genommen. Was gut gemeint war, führte jedoch in späteren Jahren mit wesentlich engeren Sitzabständen vor allem in der Economy-Class dazu, dass manche »Fensterplätze« mit einem Blick auf die Kabinenwand abschlossen – und so für Frustration bei den Fluggästen sorgten.

Die DC-8 kam spät auf den Markt, doch gelang Douglas mit ihr ein großer Wurf. Für ihr herausragendes Design spricht, dass zum Zeitpunkt der Veröffentlichung dieses Buches von den 556, zwischen 1958 und 1972 gebauten Maschinen aller Versionen, noch immer einige Exemplare als Frachter, und selbst als Forschungsflugzeug der NASA, im täglichen Einsatz stehen.

Werbeprospekt der SAS für einen Flug mit der DC-8.

SAS
Die weltumspannende
Düsen-Luftverkehrsgesellschaft

Diese Schnittzeichnung zeigt die Aufteilung der Kabine
einer SAS DC-8 (SAS)

DC 8
SAS

Letzte Vorbereitungen für den Erstflug der Baade 152 am
4. Dezember 1958. (Elbe Flugzeugwerke GmbH)

»152« MIT JUNKERS KNOW-HOW

BAADE 152

Zum Glück kam das Ende des Zweiten Weltkriegs noch rechtzeitig, bevor Nazideutschland seine weltweit führende Rolle in der Entwicklung von Düsenbombern kriegsentscheidend nutzen konnte. Neben Arado, Heinkel und Messerschmitt arbeiteten vor allem die Ingenieure der Junkers-Flugzeugwerke fieberhaft an Jägern und Bombern mit dem damals neuartigen Strahlantrieb. Dieses einzigartige Know-how brachte eine Gruppe ehemaliger Junkers-Ingenieure nach Kriegsende in den Bau der ersten west- und ostdeutschen Düsenverkehrsflugzeuge ein. Während der erste (ost)deutsche Passagierjet vom Typ »152« unter der Leitung von Dipl.-Ing. Brunolf Baade entstand, war Dipl-Ing. Hans Wocke maßgeblich an Design und Konstruktion des ersten (west)deutschen Düsenverkehrsflugzeugs HFB 320 »Hansa Jet« beteiligt.

Die Hamburger Flugzeugbau GmbH stand damals unter der technischen Leitung von Dipl.-Ing. Hermann Pohlmann, der für Junkers von 1923 bis 1940 so berühmte Modelle wie die W33 oder Ju 87 »Stuka« entworfen hatte. Ende der 30er-Jahre arbeitete er zusammen mit Brunolf Baade an der Entwicklung einer sturzkampffähigen Ju 88-Version, bis Pohlmann 1940 zum Hamburger Flugzeugbau wechselte. Als dessen Konstruktionschef war er maßgeblich am Bau der Großflugboote BV 222 und BV 238 beteiligt. Baade hingegen blieb bei Junkers und übernahm unter anderem die Typenleitung der Ju 288. Einen ganz besonderen Verdienst um die Entwicklung von Strahlflugzeugen erwarb sich Hans Wocke. Ab 1942 koordinierte er als Leiter der Abteilung ‚Projekt-Entwicklung und Aerodynamik' die Windkanalversuche in Dessau, die zur Ju 287 als erstem viermotorigen Düsenbomber der Welt führten. Revolutionär waren die negativ vorgepfeilten Flügel des Zwitters aus dem Rumpf einer He 177, dem Leitwerk einer Ju 188 G sowie dem Fahrwerk eines erbeuteten amerikanischen Consolidated B-24 »Liberator«-Bombers.

Nach Kriegsende begannen die russischen Besatzungstruppen bereits im Herbst 1945, das Know-how und die einstigen Junkers-Ingenieure samt deren Familien von Dessau in die UdSSR zu

HERSTELLER	VEREINIGUNG VOLKSEIGENER BETRIEBE FLUGZEUGBAU, DRESDEN, DEUTSCHLAND
ERSTFLUG	04.12.1958
GEBAUTE EXEMPLARE	3 (DAVON NUR ZWEI GEFLOGEN)
SPANNWEITE	26,30 m
LÄNGE	31,40 m
HÖHE	9,00 m
MOTOREN	4 X PIRNA 014 A-O
REISEGESCHWINDIGKEIT	Ca. 800 km/h
REICHWEITE	Ca. 2.400 km
BESATZUNG	3 (COCKPIT)

Baade 152/II V4

Oben links: Im Rahmen eines feierlichen Roll-out konnte die erste Baade 152 am 30. April 1958 der Öffentlichkeit präsentiert werden. (Elbe Flugzeugwerke GmbH)

Oben rechts: Endmontagelinie der Baade 152 in Dresden. (Elbe Flugzeugwerke GmbH)

Unten links: Der nie in Erfüllung gegangene Traum des Baade 152-Konstruktionsteams war der Verkauf des Flugzeugmusters an die ostdeutsche Lufthansa.

deportieren. Darunter Brunolf Baade und Hans Wocke. Dort setzten sie unter russischer Regie die Flugversuche mit dem Entwicklungsflugzeug EF 131 genannten Nachfolgemuster der Ju 287 fort. Nach neun Jahren durfte Wocke nach Ostdeutschland zurückkehren, wo er zum stellvertretenden Technischen Direktor der VVB-Flugzeugwerke Dresden ernannt wurde. 1957 emigrierte er über Landes- und Blockgrenzen hinweg von der Elbestadt Dresden in die Elbestadt Hamburg, und fand bei Hermann Pohlmann eine Anstellung als Leiter des HFB-Entwicklungsbüros. Jahre später wurde Wocke Technischer Geschäftsführer des HFB und einer der ersten Geschäftsführer der 1967 in München gegründeten Deutschen Airbus GmbH.

Aufbauend auf seiner Erfahrung mit der Ju 287 entwarf Wocke den HFB 320 »Hansa Jet«, dessen Prototyp am 21. April 1964 zu seinem Erstflug in Hamburg-Finkenwerder startete. Damit war die HFB 320 zwar der erste westdeutsche Passagierjet, hatte jedoch den Wettlauf mit der ostdeutschen Luftfahrtindustrie um mehr als fünf Jahre verloren. Denn bereits am 4. Dezember 1958 konnten die VVB-Flugzeugwerke Dresden den erfolgreichen Erstflug des ersten deutschen Düsenverkehrsflugzeugs vom Typ (Baade) 152 feiern. Bevor Brunolf Baade 1954 in die DDR zurückkehren durfte, hatte er schon in Russland fertige Konstruktionszeichnungen für diesen Passagierjet mit seinem Team erstellt. Doch die Sowjets verweigerten ihm, die Pläne nach Dresden mitzunehmen – und so musste die »152« als Kuriosum des kalten Krieges ein zweites Mal konstruiert werden.

Das Projekt war bereits in politische Turbulenzen zwischen der DDR und UdSSR geraten, als der tragische Absturz des Prototypen V1, am 4. März 1959, den Anfang vom Ende der »152« einläutete. Sollte der Stolz der ostdeutschen Luftfahrtindustrie doch an jenem Tag dem sowjetischen Parteichef Chruschtschow während seines Besuchs der Leipziger Messe im Flug demonstriert werden, was das Unglück kurz zuvor vereitelte. Die vage Hoffnung, bis zu 100 Baade 152 an die UdSSR zu verkaufen, zerstoben schließlich im Juni 1959 bei Verhandlungen zwischen den Regierungen der DDR und der Sowjetunion. Als die Baade 152/II V4 der zweiten Prototypreihe am 26. August 1960 zum Erstflug abhob, keimte nochmals in Dresden Hoffnung auf, dass diese verbesserte Variante in Serie gehen könnte. Sie entsprach in ihren Details weitestgehend der für Interflug gedachten Ausführung. Doch wurden alle Hoffnungen bitter enttäuscht, als die DDR-Regierung im März 1961 das Ende der ostdeutschen Luftfahrtindustrie verkündete. Dies bedeutete sowohl das Ende der »152«, als auch das Aus für das Strahltriebwerk Pirna 014.

Von der Baade 152 ist kein einziges Flugzeug komplett erhalten geblieben. Lediglich ein Rumpf, der in einer Seitenhalle des Flughafen Dresden aufbewahrt wird, hat die Jahrzehnte auf abenteuerliche Weise überlebt. Weitere kleine Bauteile, wie Fahrwerke und Kabinenfenster, sowie ein Pirna 014 Triebwerk, sind im Dresdner Verkehrsmuseum ausgestellt. Sie sind die einzigen Artefakte des einst so hoffnungsvoll gestarteten und dann in politische Ungnade gefallenen, legendären ostdeutschen Jetliners.

Eine Convair 880 der Trans World Airlines (TWA) beim Start. Zusammen mit Delta Air Lines war TWA Erstkundin dieses Flugzeugmusters. (Jon Proctor)

PFEILSCHNELL

CV 880 »GOLDEN ARROW«

Die Consolidated Vultee Aircraft Corporation, kurz Convair, war vor allem in Europa ein bekannter Name beim Reisepublikum. Ihre sehr bequem ausgestatteten »Metropolitan« kamen in den 50er und 60er-Jahren unter anderem bei Iberia, Finnair, Lufthansa, SAS und Swissair zum Einsatz. Sie galten als Synonym für entspanntes Fliegen im »Goldenen Zeitalter« des Luftverkehrs. Im Gegensatz zu den beiden großen amerikanischen Herstellern von Passagierjets, Boeing und Douglas, verfügte Convair Mitte der 50er-Jahre über beste Kontakte zu einer der schillerndsten Gestalten der amerikanischen Luftfahrt: Howard Hughes. Als erster Milliardär in der US-Geschichte, Ölmagnat, Filmproduzent und Luftfahrtunternehmer fragte er das Convair-Management, ob es für die von ihm kontrollierte Trans World Airlines (TWA) einen Jet mit transkontinentaler Reichweite entwickeln und fertigen könne. Hätte das Convair-Management bereits zu diesem Zeitpunkt geahnt, dass die Allüren von Howard Hughes nicht nur zu Aufträgen, sondern auch zum drohenden Ruin der Convair-Flugzeugwerke führen würden, wäre es vielleicht gar nicht erst zur Produktion der CV 880 gekommen.

HERSTELLER	GENERAL DYNAMICS / CONVAIR, SAN DIEGO, KALIFORNIEN, USA
ERSTFLUG	27.01.1959
GEBAUTE EXEMPLARE	65
SPANNWEITE	36,58 m
LÄNGE	39,42 m
HÖHE	11,00 m
MOTOREN	4 X GENERAL ELECTRIC CJ-805-3
REISEGESCHWINDIGKEIT	Ca. 990 km/h
REICHWEITE	Ca. 4.400 km
BESATZUNG	3 (COCKPIT)

So aber präsentierte Convair, in der Hoffnung ein großes Stück vom Kuchen des zivilen Jet-Marktes für sich zu gewinnen, nach vielen Designstudien im Jahr 1956 den finalen Entwurf des von vier General Electric CJ-805 Motoren angetrieben und »Skylark 600« genannten Jetliners. Die zum Hughes-Imperium gehörende Tool Company, über die Hughes alle TWA-Maschinen erwarb und an die Airline weiter vermietete, zeichnete am 7. Juni 1956 Vorverträge mit Convair und General Electric über 30 Exemplare des nun »Golden Arrow« getauften Jetliners. Noch am gleichen Tag folgte Delta Air Lines mit einer Order über zehn Exemplare, deren Lieferzeitpunkt jedoch Toolco, als größerer Kunde, frei bestimmten durfte.

Den ersten Vorgeschmack auf die exzentrischen Ideen des Howard Hughes bekam Convair, als er verlangte, das Flugzeug aus golden schimmerndem Metall zu bauen. Der nun »Golden Arrow« genannte Jet blieb jedoch eine fixe Idee, da es zum damaligen Zeitpunkt kein Herstellungsverfahren gab, das eine gleichmäßige, goldene Färbung sämtlicher Rumpf- und Tragflächenbeplankungen garantierte.

Als die beiden Erstkunden, Toolco (TWA) und Delta Air Lines, am 10. September 1956 ihre Kaufabsichten in feste Aufträge für zusammen 40 Maschinen wandelten, war vom »Golden Arrow« keine Rede mehr. Vielmehr erhielt das Flugzeugprojekt nun mit Convair 880 seinen endgültigen Namen. Mit einer Reisegeschwindigkeit von knapp 1.000 km/h zählt die 880 bis heute zu den schnellsten Passagierflugzeugen.

Nach diesen ersten Einmischungen in das Flugzeugprogramm, sollte Convair vor allem während der Produktionsphase zu spüren bekommen, was es bedeutete, mit Howard Hughes Geschäfte zu machen. Die Fertigung der ersten Flugzeuge war im Convair-Werk San Diego gut voran gekommen und der vertraglich zugesagten Auslieferung der Jets an TWA und Delta zwischen Herbst 1959 und September 1960 stand nichts im Wege, als im Juli 1959 unangemeldet ein Inspektorenteam von Toolco in der Endmontagelinie erschien. Besonderes Interesse weckten die beiden ersten, für TWA bestimmten CV 880, die zur Auslieferung im November und Dezember 1959 anstanden. Dies geschah ohne Wissen des TWA-Managements, das erst durch die eigene Mannschaft vor Ort von den Ereignissen erfuhr! Die Situation spitzte sich auf geradezu surreale Weise dramatisch zu, als das Inspektorenteam im Oktober des Jahres in Begleitung von bewaffneten Wachleuten erschien, die beide Maschinen abriegelten. Kein Convair- oder TWA-Mitarbeiter durfte sich den Flugzeugen nähern, geschweige denn, diese betreten. An eine Fortsetzung deren Endmontage war erst recht nicht zu denken. Wie sich wenige Tage nach der Belagerung der Convair-Produktionshalle durch die Toolco-Wachleute herausstellte, hatte Howard Hughes diese Anweisung persönlich erteilt. Mit Mühe gelang es Convair, die Endmontagelinie am Laufen zu halten, und konnte somit am 9. Februar 1960 wenigstens die erste CV 880 an Delta Air Lines ausliefern.

Das Drama um die für Toolco bestimmten Flugzeuge zog sich jedoch über das gesamte Jahr 1960 hin. Hughes verweigerte kategorisch, jedoch ohne einen Grund dafür zu nennen, die Abnahme der für TWA bestimmten 880-Flotte.

Es wirkt wie ein Akt der Verzweiflung, dass TWA im Mai 1960 eines der von Toolco bestellten Flugzeuge mit eigenem Geld kaufte, um diese CV 880 wenigstens als Crew-Trainer für die erhoffte Indienststellung der übrigen 29 Maschinen zu verwenden.

Die Situation entspannte sich für TWA erst am 30. Dezember 1960, nachdem Howard Hughes in Folge von finanziellen Problemen die Kontrolle über die Airline verloren hatte. Noch am gleichen Tag übertrug Toolco die Lieferpositionen für neunzehn CV 880 an TWA, von denen die erste nur zwei Tage später an die Airline übergeben wurde. Bis zum 18. Januar 1961 war die Flotte auf fünf Exemplare angewachsen, einschließlich der bereits im Mai 1960 übernommenen Schulungsmaschine. Von den Behinderungen durch Howard Hughes befreit, machte sich Convair an die zügige Vollendung der übrigen, bislang in der Endmontagelinie »gefangenen« Jets.

TWA nahm am 12. Januar 1961 den Liniendienst mit ihren neuen Convair-Linern auf. Nur wenige Tage später stellte das neue Flaggschiff der TWA-Flotte einen Geschwindigkeitsrekord nach dem anderen auf. So beispielsweise am 24. Januar 1961 auf der Route von Chicago nach New York. Bei einer Durchschnittsgeschwindigkeit von 1.094 km/h betrug die Flugzeit lediglich eine Stunde und elf Minuten. Die von TWA »StarStream880« getauften Convairs waren anfangs mit 85 First Class und nur 29 Coach Class Sesseln ausgestattet! Im vorderen Kabinenbereich lud zudem eine First Class Lounge mit zwölf Sesseln zum Drink über den Wolken ein.

Neben ihrer äußerst luxuriösen Bestuhlung bestach die CV 880 durch ein ausgeklügeltes Kabinendesign. Harley Earl, Chefdesigner des Automobilkonzerns General Motors und »Vater der GM Corvette«, wurde von Convair mit dem Entwurf einer Passagierkabine beauftragt, die dem beklemmenden Röhreneffekt aus der Perspektive der Fluggäste in den hinteren Sitzreihen entgegen wirken sollte. Sein Rezept: alle fünf Sitzreihen senkte er das Kabinendach um ein paar Zentimeter ab, und schuf somit eine optische Unterteilung in kleinere Segmente.

Ungeachtet aller fortschrittlichen Ideen hatte Convair mit seiner CV 880 keinen Erfolg. Maßgebliche Schuld hatte daran das rücksichtslose Verhalten von Howard Huhges, der damit nicht nur die CV 880-Endmontagelinie in ein Chaos stürzte, sondern es auch Convair untersagte potentiellen Kunden den Jet im Fluge vorzuführen. So um die Möglichkeit gebracht, ihren Jet erfolgreich zu vermarkten, produzierte Convair verlustreich nur 65 Exemplare des Basismusters CV 880 sowie der weiter entwickelten CV 880M. Dennoch gebührt der CV 880 ein Platz unter den legendären Jetlinern, denn ihr Design war so attraktiv, dass renommierte Airlines rund um den Globus Aufträge erteilten. Darunter Cathay Pacific, Civil Air Transport und Japan Air Lines in Asien sowie die venezolanische VIASA in Lateinamerika. In den USA zählten neben Delta und TWA auch Alaska Airlines und Northeast zu den Kunden fabrikneuer Maschinen. CV 880 flogen zudem in den Farben von KLM und Swissair in Europa. Letztere nutzte die Convair-Jets als Übergangslösung bis zur Auslieferung der größeren CV 990. Weltberühmt wurde hingegen »Lisa Marie« – die CV 880 Privatmaschine von Elvis Presley. Sie ist heutzutage im Museum des »King of Rock'n Roll« in Memphis, Tennessee, zu besichtigen.

Die weltweit letzte Convair 880 mit einer originalen Airline-Bestuhlung ist in der kalifornischen Mojave-Wüste abgestellt. Sie flog bis 1974 für Trans World Airlines.

Die TWA CV 880 »Star Stream« war in den frühen 60er-Jahren mit einer First Class Lounge ausgestattet, die zwölf Passagieren Platz bot. (Jon Proctor)

Eine fabrikneue Boeing 720B der Lufthansa wird auf dem Boeing-Werkflugplatz Renton bei Seattle für einen Testflug vorbereitet. (Boeing)

EIN PILOTENTRAUM

BOEING 720

Die Boeing 720 war eine verkleinerte und leichtere Ausführung des Erfolgsmusters 707 und wurde zwischen 1959 und 1967 in 154 Exemplaren gebaut. Bei ansonsten identischen Außenmaßen reduzierten die Konstrukteure den 707-Rumpf um 2,74 m und veränderten die Flügelvorderkanten der Tragflächen für einen verbesserten Auftrieb. Besonders in der »B«-Version mit vier Pratt & Whitney JT3D Mantelstrom-Triebwerken zeigte sich die 720 im Flug von ihrer sportlichen Seite. Wie sich frühere Piloten dieses Musters erinnern, flog sie sich auf Grund ihrer großen Triebwerksleistung fast wie ein Düsenjäger. Mit einer Reisegeschwindigkeit von rund 1.000 Stundenkilometern und einer größeren Reichweite war die 720B selbst der speziell für hohe Geschwindigkeiten konstruierten Convair 990 überlegen.

Die Deutsche Lufthansa setzte zwischen 1961 und 1966 acht Boeing 720B ein, mit denen sie ihre letzten viermotorigen Propliner der Typen Lockheed L-1049G »Super Constellation« und L-1649A »Super Star« vom internationalen Passagierdienst ablöste.

Die kleinere Schwester der Boeing 707 stellte im Januar 1962 einen Lufthansa internen Rekord auf, als eine 720B die 3.043 km lange Strecke Hongkong–Tokio in 2 Stunden und 39 Minuten zurücklegte. Das entsprach einer Durchschnittsgeschwindigkeit über Grund von 1.148 km/h!

Mit der Bestellung von Boeing 707-330B für die Langstrecke und Boeing 727-030 für die Kurz- und Mittelstrecke musterte Lufthansa ihre schnellen Boeings im Jahr 1966 wieder aus, und verkaufte die komplette Flotte an Pan Am. Weitere europäische Kunden für dieses Muster waren beispielsweise die griechische Olympic Airways sowie die dänische Conair of Scandinavia, die ihre letzte Boeing 720 noch bis 1987 ab Skandinavien zu Ferienorten rund um das Mittelmeer einsetzte.

HERSTELLER	THE BOEING COMPANY, SEATTLE, WASHINGTON, USA
ERSTFLUG	23.11.1959
GEBAUTE EXEMPLARE	154
SPANNWEITE	39,87 m
LÄNGE	41,60 m
HÖHE	12,61 m
MOTOREN	4 X PRATT & WHITNEY JT-3 D-1
REISEGESCHWINDIGKEIT	Ca. 1.000 km/h
REICHWEITE	Ca. 6.100 km
BESATZUNG	3-4 (COCKPIT)

Lufthansa 720B-Version

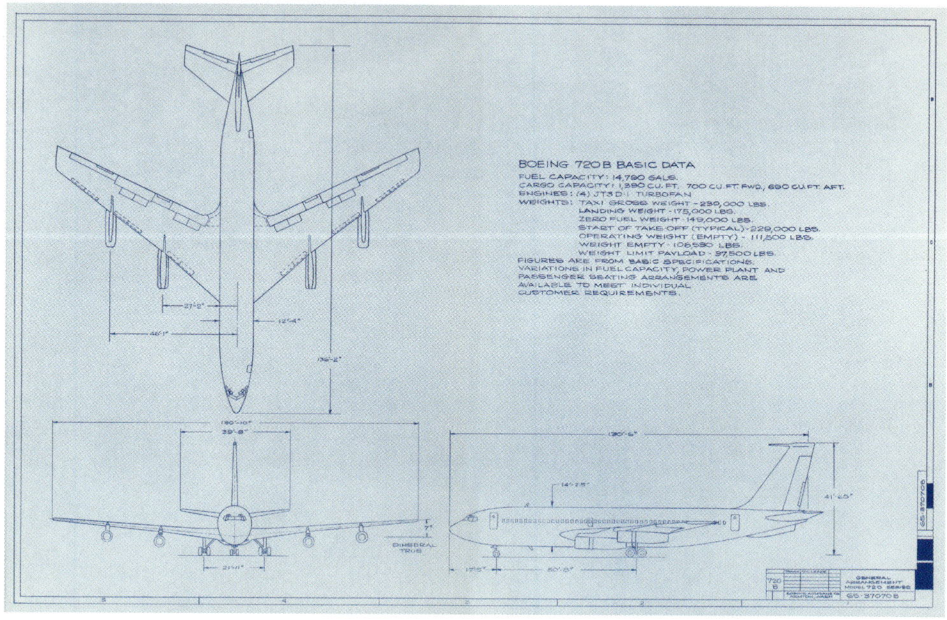

Links oben: Lufthansa erhielt acht Boeing 720B ausgeliefert, von denen zwei Maschinen in 1961 und 1964 bei Trainingsflügen abstürzten. Die Ursachen beider Unglücke, bei denen alle Besatzungsmitglieder an Bord ums Leben kamen, konnten nie eindeutig ermittelt werden. (Lufthansa)

Links unten: Die Boeing 720B verfügte über hervorragende Flugeigenschaften und war eines der schnellsten Verkehrsflugzeuge ihrer Zeit.

Oben: Diese technische Zeichnung einer Boeing 720B entstammt einer Boeing-Werbebroschüre für dieses Muster aus den 60er-Jahren.

DIE 60ER-JAHRE

Boarding einer Boeing 707-330 im Jahr 1963 auf dem Hamburger Flughafen. (Lufthansa)

Die ostdeutsche Interflug setzte zwei Maschinen des Typs Tupolew Tu-124 ein, der aus der größeren Tu-104 abgeleitet wurde. Die Tu-124 war ihrerseits Ausgangspunkt für die Entwicklung der darauf folgenden Tu-134.
(Archiv Flughafen Berlin Brandenburg GmbH)

DIE KLEINE SCHWESTER DER TU-104

TUPOLEW TU-124

Mit insgesamt 165 gebauten Exemplaren, davon 110 im zivilen Luftverkehr eingesetzte Tu-124 und Tu-124B, zählt dieses Flugzeugmuster zu den weniger erfolgreichen Typen sowjetischer Produktion. Auf den ersten Blick ähnelt sie auffällig der größeren Tu-104, doch handelt es sich bei der Tu-124 um eine eigenständige Entwicklung für Strecken mit geringem Passagieraufkommen. So liegt ihr maximales Startgewicht um rund ein Viertel unter jenem der Tu-104. Ihre technischen Daten entsprechen vielmehr der französischen S.E. 210 »Caravelle«, die drei Jahre vor der Tu-124 erstmals an den Start gegangen war.

Die Planungen für dieses Flugzeugmuster begannen auf Beschluss des Ministerrates der UdSSR vom 18. Juli 1958, und bereits Anfang 1960 ging der Prototyp seiner Vollendung entgegen. Nach dessen Erstflug am 29. März des Jahres nahmen zehn Vorserienflugzeuge an der Flugerprobung teil.

Aeroflot setzte ihre erste Tu-124 am 2. Oktober 1962 im Liniendienst zwischen Moskau und Tallin ein, der Hauptstadt des heutigen Estlands. Zunächst für maximal 44 Fluggäste geplant, konnte die Tu-124 in der verbesserten »B«-Ausführung maximal 56 Gäste befördern. Eine Version für bis zu 60 Passagiere war angedacht, doch wurde sie nie realisiert. Neben der Staatsairline der UdSSR bestellte die tschechoslowakische CSA drei Maschinen, während die ostdeutsche Interflug zwei Tu-124 einsetzte. Neben den zivilen Versionen entwickelte Tupolew die Tu-124 als militärisches Transportflugzeug sowie als Trainer für die Piloten- und Navigatorenausbildung. Drei dieser militärischen Tu-124 dienten der Nationalen Volksarmee der DDR zum Transport hochrangiger Regierungsvertreter.

HERSTELLER	TUPOLEW, MOSKAU, UDSSR
ERSTFLUG	29.03.1960
GEBAUTE EXEMPLARE	165
SPANNWEITE	25,55 m
LÄNGE	31,59 m
HÖHE	8,08 m
MOTOREN	2 X SOLOWJEW D-20 P
REISEGESCHWINDIGKEIT	Ca. 850 km/h
REICHWEITE	Ca. 2.000 km
BESATZUNG	3 (COCKPIT)

Die von Swissair »Coronado« getaufte CV 990 war in den 60er-Jahren das Aushängeschild der schweizerischen Fluglinie. (Swissair)

»SEXY« ABER ERFOLGLOS

CV 990 »CORONADO«

Seit den frühen Tagen der Luftfahrt kommt der Erprobung neuer aerodynamischer Entwürfe im Windkanal eine bedeutsame Rolle zu. Von den Gebrüdern Wright des Jahres 1903, über Hugo Junkers, bis hin zu den modernsten Airbus- und Boeing-Jets, zeigt sich erst bei dem Test von Flugzeugmodellen in Windkanälen, ob die Berechnungen der Konstrukteure in der Praxis Bestand haben.

Boeing war der erste Flugzeughersteller in den USA, der bereits im Jahr 1945 einen so genannten »Transsonischen Windkanal« errichtete. Die treibende Kraft hinter dessen Bau war Boeing-Chefpilot Edmund T. »Eddie« Allen. Er erkannte die Notwendigkeit eines eigenen Windkanals, um von den damals wenigen, in den USA verfügbaren Anlagen der NACA (die Vorläuferorganisation der NASA) und einer Handvoll Universitäten unabhängig zu sein. Die Baukosten waren mit einer Million US-Dollar für damalige Verhältnisse astronomisch hoch. Und doch bewilligte Boeing-Präsident Phil Johnson im Jahr 1941 die vorausschauende Investition in den Windkanal, der Jet-Geschwindigkeiten von bis zu 1.000 km/h darstellen konnte. Die Testanlage war gerade vollendet worden, als Boeing-Chefaerodynamiker George Schairer 1945 im besiegten Deutschland die Forschungsergebnisse zum Schnellflug – und insbesondere Geheimunterlagen über den gepfeilten Tragflügel – entdeckte. Die theoretischen deutschen Berechnungen konnten umgehend im Boeing-Windkanal mit Modellen getestet werden. So wurde der Boeing B-47-Bomber das erste in Seattle gebaute Flugzeug, dessen Entwurf im transsonischen Windkanal seine endgültige Form angenommen hatte.

HERSTELLER	GENERAL DYNAMICS / CONVAIR, SAN DIEGO, KALIFORNIEN, USA
ERSTFLUG	24.01.1961
GEBAUTE EXEMPLARE	37
SPANNWEITE	36,58 m
LÄNGE	42,40 m
HÖHE	12,00 m
MOTOREN	4 X GENERAL ELECTRIC CJ-805-23 B
REISEGESCHWINDIGKEIT	Ca. 920 km/h
REICHWEITE	Ca. 5.000 km
BESATZUNG	3 (COCKPIT)

Swissair CV 990-30A-Version

Unzählige Varianten hatte Boeing auch von seinem Versuchsträger 367-80 »Dash 80« und der darauf folgenden 707 in jenem Windkanal auf ihre Vor- und Nachteile hin getestet. Und so entlockte es den führenden Boeing-Aerodynamikern nur ein müdes Achselzucken, als Convair die CV 990 mit vier General Electric CJ-805-23 »Aft Fan«-Triebwerken ankündigte.

Diese Triebwerke waren eine Weiterentwicklung des CJ-805-

Antriebs der CV 880, und verfügten über einen am Ende des Motors, frei im Abgasstrahl drehenden Fan. Um die Luftströmung, an dem Kerntriebwerk vorbei, zu optimieren, versah General Electric den Motor mit einer von vorne nach hinten reichenden, sehr wuchtigen Triebwerksverkleidung im Fan-Durchmesser.

Der damals völlig neu auf dem Markt angebotene Antrieb, sowie vier »Anti Shock Bodies« auf der Flügeloberseite zur aerodynamischen Perfektion der Tragflächen, sollten der CV 990 eine wirtschaftliche Reisegeschwindigkeit von 990 km/h verleihen. Was das Convair-Team jedoch nicht ahnen konnte, da es über keinen transsonischen Windkanal verfügte: weder die Anordnung der Triebwerke, noch die »Anti Shock Bodies« sollten jemals ihren gewünschten Effekt entfalten können. Im Gegenteil – sie wirkten sogar als ungeplante Luftbremsen!

All dies wussten die Boeing-Ingenieure bereits auf Grund ihrer Windkanaltests und machten sich daher über den neuen Wettbewerber aus dem kalifornischen San Diego keine Sorgen.

Hätten die Convair-Manager den Informationsstand ihres Konkurrenten in Seattle gehabt, wäre es sicherlich niemals zur Produktion der CV 990 in der bekannten Form gekommen. Aber so starteten sie hoffnungsvoll mit der Entwicklung und dem Verkauf ihres neuen Viertstrahlers. Von den eigenen Ingenieuren beschwichtigend als Weiterentwicklung der CV 880 gepriesen, sollte der neue Jetliner das schnellste Düsenverkehrsflugzeug der USA werden.

Von diesem Versprechen angelockt, bestellte American Airlines im August 1958 als Erstkunde 25 Maschinen dieses schnittigen Jets. Entgegen aller Vernunft hatte Convair auf den Bau eines Prototypen verzichtet. Und so sollten die vorhersehbaren, aerodynamischen Defizite erst bei den Serienflugzeugen auffallen.

Wurden die »Anti Shock Bodies« wie geplant mit Treibstoff gefüllt, um die zugesagte Reichweite erreichen zu können, gerieten die Tragflächen bei hohen Geschwindigkeiten in gefährliche Schwingungen. Zudem führte die Nähe der großvolumigen Triebwerksgondeln, zu den darüber liegenden Tragflächen, zum Aufbau eines Staudruckes der anströmenden Luft – und somit zu einem Bremseffekt.

Das Resultat: die CV 990 erfüllte weder die Versprechen hinsichtlich Reichweite, noch Geschwindigkeit! Die Flügel und Triebwerksaufhängungen der CV 990 mussten in wesentlichen Details neu konstruiert werden, und das Projekt geriet in einen erheblichen Zeitverzug. Doch selbst diese Verbesserungen, die zur CV 990A-Version führten, brachten nicht das gewünschte Ergebnis.

Die von Swissair »Coronado« getaufte CV 990 wurde für Convair mit nur 37 gebauten Flugzeugen zum wirtschaftlichen Fiasko. Ganze 425 Millionen US-Dollar hatte der Hersteller an den CV 880- und CV 990-Programmen verloren. Dieses war der damals größte Verlust eines amerikanischen Unternehmens, das eine so schwere Krise ohne Konkurs überstanden hatte.

Zur Ehrenrettung der »Coronado« sei angemerkt, dass sich dieses Flugzeugmuster auf Grund seines schnittigen Designs in die Herzen vieler Flugzeugfans geflogen hat. Insofern ist die CV 990 die unrühmliche Ausnahme des Spruchs der Flugzeugbauer: »was gut aussieht, fliegt gut«. Es wäre ihr zu wünschen gewesen!

Die skandinavische Fluglinie SAS, die brasilianische VARIG sowie American Airlines waren Kunden für fabrikneue Convair CV 990.

Die Convair 990 gilt für viele Flugzeugfans als der eleganteste Jetliner aller Zeiten. (Swissair)

Nachdem Schnee und Nebel den Erstflug um eine Woche verzögert hatten, hob die H.S. 121 »Trident« am 9. Januar 1962 zu ihrem Jungfernflug ab.

IM BLINDFLUG

HAWKER SIDDELEY H.S. 121 »TRIDENT«

Wäre die Hawker Siddeley H.S. 121 »Trident« in ihrer ursprünglich geplanten Version gebaut worden, hätte sie sicherlich zu einer ernsthaften Konkurrentin der in etwa zeitgleich entwickelten Boeing 727 werden können. Das Flugzeugmuster war eine Idee der de Havilland-Flugzeugwerke, die 1960 von Hawker Siddeley übernommen wurden. Unter einem neuen Firmennamen, aber in Verantwortung des einstigen de Havilland-Teams, nahm das »Trident«-Programm noch im Jahr 1960 erste konkrete Formen an. Im Februar des Jahres luden die britischen Flugzeugbauer leitende Manager von Boeing und Convair nach Hatfield ein, um mit ihnen über eine mögliche gemeinsame Produktion der H.S. 121 zu sprechen. Besonders die Boeing-Ingenieure zeigten sich über die Offenheit des Konkurrenten aus Übersee überrascht, der ihnen bereitwillig detaillierte Einblicke in die »Trident«-Konstruktionsunterlagen gewährte. Zumal Boeing selbst zu jener Zeit an den Plänen der vergleichbaren 727 arbeitete, wovon das Hawker Siddeley-Management jedoch keine Kenntnis hatte. Diese Ereignisse des Februar 1960 ließen später immer wieder Gerüchte in Großbritannien aufkeimen, dass Boeing die aerodynamische Konfiguration seines Dreistrahlers bei der H.S. 121 abgeschaut hat. Ein Vorwurf, der jedoch nie bestätigt werden konnte. Fakt ist hingegen, dass Boeing mit der 727 ein wesentlich größeres und leistungsfähigeres Flugzeug produzierte, und davon ganze 1.715 Exemplare mehr herstellte. Die H.S. 121 ging auf eine Ausschreibung der staatseigenen Fluglinie British European Airways (BEA) des Juli 1956 zurück, an der sich alle führenden Flugzeughersteller des Landes beteiligten. Den Zuschlag erhielt schließlich im August 1958 die Aircraft Manufacturing Co. Ltd. (Airco), in der de Havilland seine »Trident«-Aktivitäten, in Kooperation mit Hunting und Fairey als Zulieferern gebündelt hatte. Zu diesem Zeitpunkt war die Airco D.H. 121 genannte Maschine für maximal 111 Fluggäste, eine Reichweite von

HERSTELLER	HAWKER SIDDELEY (DE HAVILLAND), HATFIELD, GROSSBRITANNIEN
ERSTFLUG	09.01.1962
GEBAUTE EXEMPLARE	117
SPANNWEITE	29,87 m
LÄNGE	39,98 m
HÖHE	8,61 m
MOTOREN	3 X ROLLS ROYCE »SPEY« 512 + 1 X ROLLS ROYCE RB 162-ZUSATZTRIEBWERK
REISEGESCHWINDIGKEIT	Ca. 890 km/h
REICHWEITE	Ca. 2.300 km
BESATZUNG	3 (COCKPIT) – AUSSCHLIESSLICH PILOTEN, KEIN FLUGINGENIEUR)

Trident 3B-Version

3.700 km und ein maximales Startgewicht von 56 Tonnen ausgelegt. Als Antrieb hatte Airco drei Rolls-Royce RB141 »Medway«-Mantelstromtriebwerke mit einem Schub von je 13.500 Pfund ausgewählt. De Havilland sah nicht nur in Großbritannien einen lukrativen Markt, sondern bot sein neues Flugzeugmuster weltweit an – darunter Pan American in den USA. Das großartige Feedback der internationalen Airlines ermutigte die Briten, von bis zu 500 verkauften Flugzeugen zu träumen.

Dies waren die hochfliegenden Pläne, bis BEA ihre Spezifikation radikal änderte und die »Trident« damit zum Ladenhüter verdammte. Marktstudien hatten ergeben, dass die Airco D.H. 121 für die meisten BEA-Routen um rund 20 Prozent zu groß dimensioniert ist. Das Resultat war die neue Forderung nach einem Jet für nur noch 80 Passagiere mit einem Startgewicht von 45 Tonnen – oder noch weniger. Falls erforderlich, so die Argumentation der BEA-Manager, könne das »Trident«-Design ja zu einem späteren Zeitpunkt wieder gestreckt werden. Das Rolls-Royce »Medway« schied nun, da völlig überdimensioniert, als Antrieb aus, und die »121« wurde rund um das kleinere Rolls-Royce »Spey« weiter entwickelt.

Aus heutiger Sicht gibt es keine Zweifel daran, dass diese, im Mai 1959 getroffene Entscheidung jeglichen Markterfolg des »Trident«-Programms im Keim erstickte. Die jetzt größere und leistungsfähigere Boeing 727 konnte von diesem Moment an konkurrenzlos den internationalen Markt für dreistrahlige Flugzeuge erobern.

Am 12. August 1959 unterzeichnete BEA den bindenden Kaufvertrag für 24 Flugzeuge, die bis September 1965 ausgeliefert werden sollten. Der Erstflug einer Trident 1 erfolgte am 9. Januar 1962. Ihm schloss sich ein ausgiebiges Testflugprogramm an, das von dem Absturz einer Maschine in Folge eines »Deep Stalls« überschattet wurde. Wie bei allen Flugzeugen mit einem so genannten T-Leitwerk, konnte auch bei der »Trident« ein hoher Anstellwinkel des Flugzeugs – in Kombination mit einer niedrigen Fluggeschwindigkeit – zum Verlust der Ruderwirkung führen. Spätere Serienflugzeuge wurden daher mit einem »Stick Pusher« ausgestattet, der die Steuerhörner der Piloten automatisch nach vorne drückte, falls sich das Flugzeug dieser gefährlichen Fluglage näherte.

Die schwachen Rolls-Royce »Spey«-Triebwerke waren Grund dafür, dass die ansonsten guten Flugeigenschaften der »Trident« in den Hintergrund traten und die ersten Versionen dieses Flugzeugmusters vor allem bei den BEA-Besatzungen einen schlechten Ruf genossen. So kursierte im Unternehmen das geflügelte Wort: »Die H.S. 121 hebt nur in Folge der Erdkrümmung von der Startbahn ab!«

Die Rolls-Royce-Ingenieure taten ihr Bestes, um dem »Spey« immer weitere Leistungsreserven zu entlocken, doch waren die technischen Möglichkeiten spätestens bei der H.S. 121 Trident 3B-Version endgültig erschöpft. Die längste und schwerste »Trident« konnte maximal 180 Fluggäste über rund 2.300 km befördern. Dafür wurde nicht nur der Rumpf um 5 m gestreckt, sondern auch die Tragflächen verlängert und mit vergrößerten Vorflügeln ausgestattet.

Damit die »3B« auch bei hohen Temperaturen und relativ kurzen Pisten mit einer wirtschaftlichen Nutzlast abheben konnte, konzentrierten ihre Konstrukteure gleich fünf Gasturbinen im kompakten Heck des eleganten Jetliners. Dazu zählten ein Hilfstriebwerk vom Typ Garrett AiResearch für die Bodenstromversorgung, drei Rolls-Royce »Spey« 512 als Basisantrieb sowie ein Rolls-Royce RB162-Zusatztriebwerk. Letzteres diente auch als Hubtriebwerk des deutschen Dornier Do 31 Senkrechtstarters und konnte bei der »Trident« nicht abgestuft, sondern nur mit 100% Leistung dazugeschaltet werden. Nach dem Startvorgang wurde der Booster wieder ausgeschaltet und weder während des Fluges noch zur Landung verwendet; war also letzlich nur nochmal extra Ballast.

Die erste Trident 3B verließ im Herbst 1969 die Werkshallen in Hatfield und wurde vom einstigen de Havilland Cheftestpiloten John Cunningham, der bereits die »Comet« eingeflogen hatten, erstmals am 11. Dezember 1969 auf Herz und Nieren getestet. Die erste von 26 für BEA gebauten Trident 3B wurde am 11. März 1971 auf der Route London – Madrid in Dienst gestellt. Zwei weitere Exemplare der ultimativen H.S. 121 Super 3B mit erhöhter Treibstoffkapazität und Reichweite bestellte hingegen die chinesische Fluglinie CAAC, die neben BEA die einzige Kundin für fabrikneue »Trident 3B« blieb.

Tappte Erstkundin British European bei zahlreichen technischen Detailentscheidungen rund um das »Trident«-

Die »Trident« zeigt erst im Flug ihre ganze Eleganz.

Zeichnung der ursprünglichen »Trident«-Ausführung, die von British European Airways als zu groß erachtet wurde. In dieser Form wäre die »Trident« jedoch zu einem ernsthaften Konkurrenten der Boeing 727 geworden.

Projekt im sprichwörtlichen Nebel, so war dies im operativen Sinne durchaus gewünscht. Zählte die H.S. 121 doch zum ersten Flugzeugtyp weltweit, der von Anbeginn für Blindlandungen konstruiert wurde. Das von dem britischen Unternehmen Smiths entwickelte »Autoland«-Blindlandesystem ermöglichte es BEA bereits ab Mai 1967, fast ohne Einschränkungen von ihrer nebelanfälligen Heimatbasis London-Heathrow aus zu operieren. Bis Juli 1968 waren bereits 100.000 BEA-Fluggäste sicher per »Autoland« an ihrem Bestimmungsort gelandet. Über die Zeit wurde das System schrittweise von BEA und British Airways, zu der sie 1974 mit BOAC fusionierte, immer weiter entwickelt. Die Sicht-Minima konnten stetig weiter reduziert werden, bis nur noch eine Horizontalsicht aus dem Cockpit von 50 m vorgeschrieben war, was den so genannten CAT 3B-Bedingungen entspricht. Die dafür erforderliche Zulassung wurde der British Airways »Trident«-Flotte im Jahr 1975 erteilt. British European Airways und in Folge British Airways waren bei weitem die größten Kunden der H.S. 121, aber nicht die einzigen. Neben der bereits erwähnten CAAC erwarben Kuwait Airways, Iraqi Airways, Pakistan International, Air Ceylon, Cyprus Airways sowie die britischen Fluglinien BKS und Channel Airways eine geringe Anzahl fabrikneuer Exemplare. Letztere flog ihre »Tridents« mit sieben(!) Sitzen in einer Reihe, um diesen Flugzeugtyp wirtschaftlich auf Charter-Routen ans Mittelmeer einsetzen zu können.

Einen Eindruck vom Flug an Bord einer H.S. 121 kann man beim Besuch der Trident 2E des Imperial War Museums im britischen Duxford gewinnen, das die Möglichkeit bietet die dort ausgestellten Airliner, einschließlich der »Trident« auch von innen zu besichtigen.

Die 1968 an BOAC mit dem einstigen zivilen Kennzeichen G-ASGM ausgelieferte Super VC10 flog nach ihrer Ausmusterung aus dem Zivildienst ab 1995 bei der britischen Luftwaffe als Tankflugzeug. Nachdem die Royal Air Force das Muster VC10 endgültig ausmusterte, machte die jetzt als ZD241 zugelassene VC10 am 21. März 2013 ihre vorerst letzte Landung auf dem einstigen Militärflugplatz Bruntingthorpe. Dort wird sie von einer Gruppe VC10-Enthusiasten soweit technisch in Stand gehalten, dass sie mit eigenem Antrieb rollen und sogar an simulierten Startläufen teilnehmen kann.

DER LETZTE GROSSE BRITISCHE JETLINER

VICKERS VC10

Die Vickers VC10 ist ein großartiges Beispiel für die britische Ingenieurskunst der 50er- und 60er-Jahre. Gleichzeitig steht sie aber auch für eine verfehlte Industriepolitik, die im Großbritannien der Nachkriegszeit zu teuren, am globalen Markt vorbei produzierten Flugzeugprojekten führte.

So war die VC10 bereits das zweite Langstreckenmuster, an dessen Entwicklung sich Vickers-Armstrongs in den 50er-Jahren hoffnungsvoll heranwagte. Die letzten Reste des 1955 gescheiterten VC7-Langstreckenjets waren gerade erst zur Verschrottung aus den Fertigungshallen der Vickers-Armstrongs-Flugzeugwerke geräumt worden, als die britische Staatsairline BOAC die Hersteller de Havilland und Vickers zu Gesprächen über einen neuen Anlauf für ein britisches Langstreckenmuster einlud.

Dass es überhaupt zum Scheitern der VC7 kam, lag unter anderem an der völligen Fehleinschätzung der Zukunft des Luftverkehrs durch den BOAC-Vorstandsvorsitzenden Sir Miles Thomas. Er prophezeite noch im Jahr 1955, dass der erste amerikanische Jet nicht vor 1962 im Linienverkehr über den Nordatlantik fliegen werde. So sah er keine Eile in das Jetzeitalter einzusteigen, sondern setzte auf den eigenen Bristol »Britannia«-Turboprop für die Langstrecke. Tatsächlich sollten nicht sieben, sondern nur drei Jahre vergehen, bis Pan American mit modernen Boeing 707-Jets den veralteten de Havilland Comet 4 der BOAC sprichwörtlich davonflog.

Die vierstrahlige, aus dem »Valiant« V-Bomber abgeleitete Vickers VC7 war ursprünglich als V1000 bezeichneter Truppentransporter für die britische Luftwaffe konzipiert worden. Sie sollte in ihrem 44 m langen Rumpf bis zu 120 Menschen über eine Entfernung von fast 4.000 km befördern können. Im Januar 1953 bestellte das britische Beschaffungsministerium einen Prototypen, dem im Juni 1954 der Auftrag über sechs Serienmaschinen folgte. Als Antrieb war das damals neue Rolls-Royce-Mantelstromtriebwerk »Conway« 5 vorgesehen. Es war geplant, je zwei Motoren analog zur de Havilland

HERSTELLER	VICKERS-ARMSTRONGS AIRCRAFT LTD., WEYBRIDGE, GROSSBRITANNIEN
ERSTFLUG	29.06.1962
GEBAUTE EXEMPLARE	54
SPANNWEITE	44,55 m
LÄNGE	48,36 m
HÖHE	12,04 m
MOTOREN	4 X ROLLS ROYCE »CONWAY« 540
REISEGESCHWINDIGKEIT	Ca. 900 km/h
REICHWEITE	Ca. 8.000 km
BESATZUNG	3-4 (COCKPIT)

Standard VC10-Version

»Comet« in den beiden Flügelwurzeln unterzubringen. Die Arbeiten am Prototypen nahmen im Vickers-Werk Foxwarren ihren Anfang, bis die weitestgehend fertiggestellten Bauteile zur Vorbereitung des für 1956 geplanten Erstfluges nach Wisley überführt wurden.

Erste Probleme zeichneten sich im Sommer 1955 ab, als bekannt wurde, dass die V1000 schwerer als geplant ausfallen und nicht mehr alle zugesagten Leistungsdaten einhalten würde. Das Beschaffungsministerium verlor daraufhin das Interesse an dem Projekt, das am 29. November 1955 per Regierungserlass gestoppt wurde. Es folgten Monate vergeblicher Versuche interessierter Fluglinien und britischer Politiker, die Regierung zum Überdenken ihrer Entscheidung zu bewegen. Alle Bauteile, einschließlich des fast vollendeten Rumpfes, sowie die kompletten Produktionsanlagen wurden daher ab 1956 verschrottet.

Inzwischen hatte sich die Wettbewerbslage im nordatlantischen Luftverkehr völlig geändert. Die Boeing 707 war wesentlich früher verfügbar als von Sir Thomas prophezeit, und BOAC, nun ohne Aussicht auf einen modernen britischen Langstreckenjet, bestellte somit am 24. Oktober 1956 notgedrungen 15 Exemplare dieses amerikanischen Musters. Da die großen 707 jedoch ausschließlich für den Nordatlantik-Verkehr mit hohem Verkaufsaufkommen gedacht waren, suchte BOAC nach einem geeigneten Flugzeugtyp für die weniger stark nachgefragten Empire-Routen nach Afrika und Asien. Das gewünschte Muster sollte zudem auch von jenen kurzen Pisten aus mit voller Nutzlast sicher abheben können, die für die noch schwach motorisierten Boeing 707- und Douglas DC-8-Versionen der ersten Stunde zu kurz waren.

Dies war die Ausgangslage, als BOAC am 14. Januar 1958 bei Vickers eine Großbestellung über 35 Standard VC10 in Auftrag gab – mit Optionen für 20 weitere Maschinen. Der neue VC10-Entwurf war keine entstaubte VC7, sondern ein völlig neues Konzept, das an den Zeichenbrettern der Vickers-Armstrongs-Konstrukteure im Werk Weybridge langsam Form annahm. Das Ergebnis war ein maßgeschneidertes Flugzeugmuster mit einzigartig guten Kurzstarteigenschaften, die jedoch um den Preis eines höheren Leergewichts teuer erkauft wurden. »Schuld« daran hatten die großen Tragflächen der VC10, die mit einem ausgeklügelten Hochauftriebssystem, bestehend aus Vorflügeln, die über die gesamte Spannweite reichten, und großen Klappen an der Flügelhinterkante ausgestattet waren. In Kombination mit ihren vier leistungsstarken, für dieses Muster eigentlich übermotorisierten Rolls-Royce »Conway«-Triebwerken, erfüllte die VC10 alle in sie gesetzten Erwartungen und war für das BOAC-Streckennetz bestens geeignet. Eine Standard VC10 konnte beispielsweise mit 59 zahlenden Fluggästen und deren Gepäck nonstop von Nairobi nach London fliegen, während eine Boeing 707-420 der BOAC dies nicht einmal ohne einen einzigen Passagier an Bord geschafft hätte!

Alles schien sich für das VC10-Projekt positiv zu entwickeln, als BOAC mit der British Aircraft Corporation (BAC), zu der Vickers 1960 fusionierte, am 23. Juni des Jahres einen Vertrag über zehn Exemplare der verlängerten Super VC10 unterzeichnete. Diese war zunächst als ein 212 Passagiere in der Economy Class fassender Langstreckenjet konzipiert, dessen Rumpf um fast 9 m gegenüber der Basisversion gestreckt wurde. BOAC plante diese Super VC10 ab 1965 auf Nordatlantik-Routen einzusetzen. Doch kurz nach Vertragsunterzeichnung bestand BOAC auf einen kürzeren, um keine 4 m verlängerten Rumpf, damit sie ihre »Super« auch auf anderen Routen mit geringerem Verkehrsaufkommen wirtschaftlich einsetzen konnte.

Das Vickers-Management konnte zu diesem Zeitpunkt noch nicht ahnen, dass die Umwandlung der ursprünglichen BOAC-Bestellung von 35 Standard VC10, in 15 »Standard« und 30 Super VC10 eine Dynamik in Bewegung setzte, die fast das Programmende und damit für Vickers ein »déja vu« zur gescheiterten VC7 bedeutet hätte. Am 1. Januar 1964 wurde Sir Giles Guthrie neuer Vorstandsvorsitzender der BOAC. Eine seiner ersten Aufgaben bestand darin, das defizitäre Unternehmen wieder auf Kurs zu bringen – und somit plante er eine Verkleinerung der Flotte und die Abbestellung der von ihm als überflüssig erachteten 30 Super VC10. Da sich BOAC in Staatsbesitz befand, hatte Guthrie in diesem Punkt jedoch nicht das letzte Wort. Und so reduzierte die Airline nach Vermittlung der britischen Regierung ihre Order »nur« um 13, auf dann noch 17 verbleibende Super VC10. Drei weitere Maschinen wurden als Transportflugzeuge der britischen Luftwaffe zugesprochen – die übrigen zehn Super VC10 der ursprünglichen BOAC-Bestellung jedoch storniert.

Das Cockpit der in Bruntingthorpe bewahrten Super VC10 ZD241. Sämtliche Instrumente und Systeme sind bis heute voll funktionsfähig. (Sebastian Barheier)

Die Vickers VC10 der BOAC.

BOAC erhielt ihre erste Standard VC10 mit dem Kennzeichen G-ARVI am 22. April 1964. Am darauffolgenden Tag wurde das Flugzeugmuster offiziell von der britischen Luftfahrtbehörde zugelassen und die zweite Maschine mit dem Kennzeichen G-ARVJ an BOAC übergeben. Vom ersten Tag an leisteten die eleganten Vierstrahler genau das, wofür sie BOAC einst bestellt hatte.

Die beiden VC10-Varianten waren vor allem bei den Passagieren sehr beliebt. Auf Grund ihrer großen Tragflächen, deren Aerodynamik nicht durch Triebwerksgondeln wie bei anderen Mustern gestört wurde, flogen die VC10 ausgesprochen sanft. Das galt ebenso für den Lärm, der dank Hecktriebwerken nur geringfügig in die Kabine abstrahlte. So warb BOAC mit dem Wortspiel: »A Little VC10derness«, frei übersetzt: »Ein bisschen VC10-Sanftheit«, um den herausragenden Passagierkomfort an Bord der eleganten Vierstrahler hervorzuheben.

Neben den britischen Airlines BOAC und British United Airways (BUA) flogen Standard und Super VC10 bei verschiedenen Fluglinien im Nahen Osten und auf dem afrikanischen Kontinent. Einige Standard VC10 kamen auch als VIP-Jets in der Golfregion zum Einsatz. Nachdem die letzten, zivil genutzten VC10 Anfang der 80er-Jahre aus dem Liniendienst ausschieden, flogen sie bis vor wenigen Jahren bei der britischen Royal Air Force als Truppentransporter und »fliegende Tankstellen« zur Luftbetankung von Militärjets weiter. Erst am 24. September 2013 fand die vorläufig letzte Landung einer Vickers VC10 auf dem Flugfeld Bruntingthorpe bei Birmingham statt.

Dass diesem Muster mit nur 54 produzierten Exemplaren kein Verkaufserfolg beschert war, ist auf seinen zu speziellen Zuschnitt auf die ursprünglichen Anforderungen der BOAC zurückzuführen. So wurde die VC10 für das Streckennetz jener Airline maßgeschneidert, die sie am liebsten niemals in Dienst gestellt hätte!

Diverse VC10 und Super VC10 sind für die Nachwelt erhalten geblieben. So in den britischen Luftfahrtmuseen Brooklands und Duxford, dem Royal Air Force Museum Cosford sowie in der Flugausstellung Junior im deutschen Hermeskeil.

Dieses im Jahr 1981 aufgenommene Foto zeigt zwei IL-62 während ihrer Überholung durch die Technikabteilung der Aeroflot. (Fotokhronika TASS)

CODENAME »CLASSIC«

ILJUSCHIN IL-62

Die Iljuschin IL-62 war nicht nur der erste vierstrahlige russische Langstreckenjet, sondern auch das einzige erfolgreiche Muster sowjetischer Produktion für interkontinentale Passagierflüge. Weder die IL-86 noch die IL-96 konnten daran anknüpfen, so dass sich die russischen Airlines heutzutage überwiegend moderner Flugzeugmuster westlicher Hersteller bedienen.

Die von der NATO mit dem Codenamen »Classic« titulierte IL-62 startete am 3. Januar 1963 zu ihrem Erstflug, gefolgt von einer längerem Pause der Testflugkampagne, die bis zur Behebung von Problemen mit den Triebwerken und der Tragflächen-Aerodynamik unterbrochen werden musste. So konnte Aeroflot die IL-62 erst vier Jahre später, ab dem 1. März 1967 auf ihre langen Inlandsrouten einsetzen. Montreal war ab 15. September des Jahres die erste interkontinentale Destination. Mit Ablösung der Tupolew Tu-114 Turboprops durch die schnelleren Jetliner reduzierte sich die Flugzeit zwischen Moskau und der kanadischen Metropole von 12 Stunden und fünf Minuten auf neun Stunden und fünfzig Minuten. Am 15. Juli 1968 folgte mit der Verbindung Moskau–New York die zweite nordamerikanische IL-62 Strecke. Auf Grund der relativ geringen Reichweite dieser ersten IL-62 Version musste Aeroflot noch pro Flugweg zwei Tankstopps im kanadischen Gander sowie im irischen Shannon einplanen.

HERSTELLER	ILJUSCHIN, UDSSR
ERSTFLUG	03.01.1963
GEBAUTE EXEMPLARE	292
SPANNWEITE	43,20 m
LÄNGE	53,10 m
HÖHE	12,40 m
MOTOREN	4 X SOLOWJEW D-30 KU
REISEGESCHWINDIGKEIT	Ca. 900 km/h
REICHWEITE	Ca. 8.000 km
BESATZUNG	5 (COCKPIT)

IL-62M-Version

Die imposanten Vierstrahler waren bald regelmäßige Gäste an europäischen und asiatischen Aeroflot-Stationen. Da westeuropäische Fluglinien daran interessiert waren, auf dem schnellsten Wege – über sowjetisches Territorium – nach Ost-Asien zu fliegen, gestattete Frankreich im März 1970 im Gegenzug einen mit IL-62 angebotenen Aeroflot-Dienst, der mit vollen Verkehrsrechten von Paris über Moskau nach Tokio führte. Heutzutage ist diese schnellste Verbindung zwischen Ost und West über russisches Territorium hinweg Alltag des Luftverkehrs, doch in den damaligen Zeiten des Kalten Krieges waren solche Routen noch die rühmliche Ausnahme. Erst das Ende der Sowjetunion Anfang der 90er-Jahre öffnete auch dem Luftverkehr ganz neue Handelswege, die sich Russland freilich fürstlich bezahlen lässt.

Ab 1971 bot Iljuschin mit der

DDR-SEF

IL-62M eine verbesserte Version des bewährten Langstreckenflugzeugs an. Zu den Verbesserungen gegenüber dem Grundmodell zählten leistungsfähigere Triebwerke, eine größere Passagierkapazität und extra Reichweite.

Eine ehemalige IL-62 der ostdeutschen Interflug ist unweit jenes Hügels im brandenburgischen Stölln erhalten, an dem der deutsche Flugpionier Otto Lilienthal seine »Fliegekunst« entdeckte und sich beim Absturz seines Flugaparates 1896 lebensgefährlich verletzte. Der damalige Interflug-Kapitän Heinz-Dieter Kallbach hatte sie dort mit einem fliegerischen Meisterstück am 23. Oktober 1989 auf einer nur 800 m langen Grasbahn sicher zum Stehen gebracht, dessen Video auf youtube bestaunt werden kann. Die Kabine der Iljuschin beherbergt derzeit ein kleines Interflug-Museum und dient als Außenstelle des lokalen Standesamtes. Somit ist sie wohl einer der ungewöhnlichsten Orte, an dem sich nicht nur flugverrückte Paare in Deutschland das »Ja-Wort« geben können.

Linke Seite: Eine IL-62 der Interflug kurz vor dem Beschleunigen zum Start. (Interflug)

Oben: Zwei IL-62 der Interflug auf dem Vorfeld des Flughafens Berlin-Schönefeld. (Interflug)

Unten: Das Cockpit einer Interflug IL-62. (Interflug)

Lufthansa war europäischer Erstkunde der Boeing 727. (Lufthansa)

LEGENDÄRER DREISTRAHLER

BOEING 727

Ein neues Düsenverkehrsflugzeug zu entwickeln, ist für dessen Hersteller jedes Mal ein großes Wagnis. Selbst ein anfangs vielversprechendes Interesse der Airlines ist kein Garant dafür, dass der neue Jetliner tatsächlich zu einem kommerziellen Erfolg wird. Das Scheitern einzelner Muster brachte ganze Firmen zum Wanken, wie bei den Convair-Typen CV 880 / 990 geschehen, deren Fiasko um ein Haar das Ende des Traditionsunternehmens bedeutet hätte.

So konnte auch Boeing zu Beginn der ersten Planungen im Jahr 1956 nicht ahnen, dass die 727 einmal mit 1.832 Exemplaren zu ihrem zeitweiligen zivilen Bestseller avancieren sollte, dessen Verkaufszahlen bislang nur die 737 übertraf. Der dreistrahlige Kurz- und Mittelstreckenjet war das dritte Muster, das Boeing gegen Ende der 50er-Jahre parallel zur 707 und 720 entwickelte. Auch der Wettbewerb schlief nicht, und mit der BAC 1-11, Douglas DC-9, Hawker Siddeley »Trident« und Sud Aviation »Caravelle« buhlten gleich vier Wettbewerber um die Airline-Aufträge für ein Flugzeug der 727-Kategorie.

HERSTELLER	THE BOEING COMPANY, SEATTLE, WASHINGTON, USA
ERSTFLUG	09.02.1963
GEBAUTE EXEMPLARE	1.832
SPANNWEITE	32,90 m
LÄNGE	40,20 m
HÖHE	10,40 m
MOTOREN	3 X PRATT & WHITNEY JT8D-1
REISEGESCHWINDIGKEIT	Ca. 900 km/h
REICHWEITE	Ca. 2.200 km
BESATZUNG	3 (COCKPIT)

Lufthansa 727-030-Version

Das Besondere an dem Dreistrahler war, dass er von extrem kurzen Start- und Landebahnen aus operieren konnte. Dies war eine der Forderungen US-amerikanischer Airlines, die von den kurzen Bahnen des Chicago Midway Airport, Washington D.C. National Airport oder ab New York La Guardia mit seiner damals nur 1.650 m langen Piste flogen. Unter der Leitung des Chef-Aerodynamikers Jack Steiner entwickelte das Boeing-Konstruktionsteam daher ein Verkehrsflugzeug, das nicht nur 900 Stundenkilometer schnell fliegen konnte, sondern auch über hervorragende Langsamflugeigenschaften verfügte. Es war damit sicher und wirtschaftlich von kleinen oder von sehr hoch gelegenen Flughäfen aus einzusetzen. Im Team befand sich Joe Sutter, der spätere »Vater des Jumbo Jets«, der an der aerodynamischen Perfektion der 727 mitwirkte. Das Ergebnis der unzähligen Entwürfe und 5.400 Erprobungsstunden im Windkanal war ein Hochauftriebssystem, bestehend aus Vorflügeln und Landeklappen, das die benötigten Start- und Landestrecken auf ein Minimum reduzierte. Ihre Wirkung wurde bei der Landung von extrem effektiven Radbremsen, Störklappen auf der Flügeloberseite sowie einer Schubumkehr der drei Pratt & Whitney JT8D-Mantelstromtriebwerke unterstützt. Zudem verfügte die »Zwo-Sieben« als erster Boeing-Passagierjet über eine hydraulische Flugsteuerung, die sie extrem leicht in der Luft handhabbar machte. Im Bug und Heck installierte ausklappbare Passagiertreppen, sowie eine Hilfsturbine für die Stromversorgung am Boden halfen, die Abfertigungszeiten auf ein absolutes Minimum zu verkürzen.

Am Erfolg der 727 hatte das mit ihr begründete Boeing-Familienkonzept maßgeblichen Anteil. So knüpft die 727 bei Rumpfquerschnitt und Systemen bei der 707 und 720 an, und ist ihrerseits Aufsetzpunkt für die Konzeption der kleineren Boeing 737. Diese Konformität verschiedener Flugzeugprojekte, die Ersatzteilbevorratung, Schulung von Technikern und Besatzungen sowie die Abfertigung vereinfachte, machte Boeing über Jahrzehnte zum bevorzugten Flugzeughersteller, nicht nur der Lufthansa.

Am 5. Dezember 1960 gab Boeing den Projektstart nach einer Bestellung von je 40 Maschinen seitens United Airlines und Eastern Airlines bekannt. Diese Erstbestellungen erfolgten gerade noch rechtzeitig, nur einen Tag vor der vom Boeing-Management selbst gesetzten Frist, ab derer das Projekt wieder eingestellt worden wäre!

Als der Prototyp am 9. Februar 1963 zu seinem Erstflug startete, hatte auch bereits Lufthansa als erster europäischer Kunde die 727 geordert. In dem von ihr als »Europa Jet« bezeichneten Flugzeugmuster fanden 12 Passagiere in der First Class und 84 Gäste in der Tourist Class bequem Platz. Die 727-030 war das erste Muster in der Lufthansa-Flotte, das bei seiner Auslieferung in dem von Otl Aicher und der E5-Gruppe der Hochschule für Gestaltung in Ulm im Jahr 1962 entwickelten Erscheinungsbild lackiert wurde. Auch die Passagierkabine sowie das Bordgeschirr des ab dem 16. April 1964 bei Lufthansa eingesetzten Dreistrahlers, glänzten im Aicher-Look. Sein revolutionäres Designkonzept prägt bis heute die Identität der deutschen Airline. Auf dem Lufthansa-Streckennetz innerhalb Europas und dem Nahen Osten ersetzte die stetig wachsende 727-Flotte schrittweise die Propeller-Muster Convair 440 »Metropolitan« sowie Vickers V814 »Viscount« – und mit der vierstrahligen Boeing 720B sogar bereits die ersten Jets.

Die Boeing 727 wurde selbst Teil der Weltgeschichte, als am 29. März 1975 eine 727-100 der World Airways im vietnamesischen Da Nang an den Start rollte. Als Kapitän Kenneth Healy auf der Runway Schub gab, kauerten sich geschätzte 330 Menschen in der Kabine sowie im Frachtraum, auf der ausgefahrenen Hecktreppe und in den Fahrwerksschächten zusammen. Dies war eine der letzten Fluchtmöglichkeiten gegen Ende des Vietnam-Krieges vor den sich nähernden Vietcong – und jeder der irgendwie konnte, nutzte diese Luftbrücke. Da Fahrzeuge die einzige Start- und Landebahn des Airports blockierten, musste der Jet von einem Rollweg aus starten. Erst nachdem die um rund zehn Tonnen überladene 727 weiteren Fahrzeugen während des Startlaufs über das Gras neben dem Taxiway ausgewichen war, gelang es Captain Healy, seinen Jet auf dem letzten Meter Beton sicher Richtung Saigon in die Luft zu bringen. Der 727-Basisversion folgte 1967 die gestreckte 727-200 für maximal 189 Fluggäste.

Am 14. Februar 1973 erhielt Lufthansa den 100. Boeing-Jet – eine 727-230 »advanced«. Sie verfügte, im Vergleich zum Ursprungsmodell der gestreckten 727, über eine größere Reichweite, konnte mehr Nutzlast befördern und besaß stärkere Triebwerke. Auch wenn diese »advanced«-Version etwas leiser war als ihre Vorgängerinnen, zählte die Boeing 727 doch zu den lautesten Jets ihrer Zeit. Dies war einer der Gründe, warum das letzte Exemplar, des bei vielen Lufthanseaten sehr beliebten Jets, am 4. Oktober 1992 endgültig ausgemustert wurde. Mit dem Airbus A320 erhielt der Boeing-Dreistrahler bei Lufthansa einen würdigen Nachfolger, der an die Erfolgsgeschichte der »Sieben Zwo Sieben« anknüpft.

Als letzte fabrikneue Boeing 727 verließ ein für Federal Express bestimmter Frachter der Version »200F« im September 1984 die Endmontagelinie im Boeing-Werk Renton. Nach 22 Jahren und 1.832 gebauten Maschinen ging die Produktion dieses Erfolgsmusters damit endgültig zu Ende.

Oben: Der US-amerikanische Expressdienst Federal Express setzte seine Boeing 727 über einen Zeitraum von 35 Jahren ein und war mit einer Flotte von bis zu 170 Exemplaren zeitweilig der größte Betreiber dieses Musters. Diese Erfolgsstory endete erst um 1:30 Uhr am Morgen des 21. Juni 2013 mit der letzten Landung einer FedEx-Boeing 727 in Memphis, Tennessee. (FedEx)

Rechts oben: Nächtliche Abfertigung eines Boeing 727-100QF »Quiet Freighter« des Expressdienstes UPS. Bei der 727QF wurden die drei lauten Pratt & Whitney JT8D-Triebwerke durch leise Rolls-Royce »Tay« Fan-Triebwerke ersetzt. Dies erforderte einige konstruktive Anpassungen, wie neue Triebwerksgondeln und einen neu geformten Lufteinlauf für den mittleren Motor. Die 727QF war vor allem für Expressdienste wie UPS interessant, die in den Lärm sensiblen Nachtstunden operieren. Parallel zur 727QF bot Dee Howard Anfang der 90er-Jahre die Umrüstung der BAC 1-11 auf Rolls-Royce »Tay«-Triebwerke an. Im Gegensatz zur 727QF fanden sich für dieses interessante Projekt jedoch keine kommerziellen Kunden.

Rechts unten: Einige Maschinen der Lufthansa 727-030-Flotte waren »Quick Change«-Versionen, die binnen kürzester Zeit von einem Passagierflugzeug zum Frachter umgerüstet werden konnten. Sie beförderten tagsüber Fluggäste und in den Nachtstunden Luftfrachtsendungen innerhalb Europas. (Lufthansa)

Nach der deutschen Wiedervereinigung waren Tu-134 der Interflug auch regelmäßige Gäste an westdeutschen Flughäfen, wie hier Köln/Bonn. (Lufthansa)

ARBEITSPFERD DES OSTENS

TUPOLEW TU-134

Die Geschichte der Tu-134 soll auf einen Staatsbesuch des sowjetischen Staatschefs Nikita Sergejewitsch Chruschtschow in Frankreich im Jahr 1960 zurückgehen. Dort zeigte er sich von dem Design der ihm vorgeführten französischen S.E. 210 »Caravelle« so begeistert, dass er noch auf dem Rückflug den mitreisenden Andrei Tupolew mit der Entwicklung eines Flugzeugs ähnlicher Konfiguration beauftragte.

Den offiziellen Startschuss zum Bau der Tu-134 gab jedoch der sowjetische Ministerrat mit der Direktive Nummer 846-341, die das Tupolew Designbüro ermächtigte einen Jetliner zu entwickeln, der über eine Reisegeschwindigkeit von 900 km/h und eine Maximalgeschwindigkeit von 1.000 km/h verfügen sollte. Weitere Vorgaben waren eine Reiseflughöhe von 12 km und eine Reichweite von 1.500 km, zuzüglich Reserven. Zudem sollte die Tu-134 von nur 800 m langen Startbahnen aus operieren können.

Die Grundlage für die Konstruktion des neuen Jets bildete die Tu-124. Allerdings wurden deren Solowjew D-20 Triebwerke nun am Heck angeordnet – das zudem ein T-Leitwerk aufwies. Am 29. Juli 1963 startete Tupolew-Testpilot Aleksandr D Kalina zum Erstflug des CCCP-45075 registrierten Tu-134 Prototypen. Zwei Jahre nach dem westlichen Debüt der Tu-134 auf der Pariser Air Show, begann Aeroflot am 9. September 1967 mit dem ersten kommerziellen Einsatz dieses Musters auf der Strecke Moskau – Sochi / Adler. Noch am gleichen Tag setzte Aeroflot die Tu-134 in die schwedische Hauptstadt Stockholm ein.

Erster Exportkunde für dieses Muster war die bulgarische Balkan Bulgarian Airlines, gefolgt von der ostdeutschen Interflug. Deren erste Maschine mit der Kennung DM-SCA traf im September 1968 in Berlin-Schönefeld ein.

Der erste Flug mit Passagieren einer Interflug Tu-134 fand am 29. Februar 1969 statt. An Bord befanden sich führende Airline-Manager osteuropäischer und westlicher Fluggesellschaften, die auf dem Weg zur Leipziger Messe waren. Der erste Flug mit zahlenden Gästen erfolgte hingegen am 2. April des Jahres zwischen Berlin und Beirut.

HERSTELLER	TUPOLEW, MOSKAU, UDSSR
ERSTFLUG	29.07.1963
GEBAUTE EXEMPLARE	852 (PLUS 2 PROTOTYPEN)
SPANNWEITE	29,00 m
LÄNGE	34,40 m
HÖHE	9,00 m
MOTOREN	2 X SOLOWJEW D-30-MANTELSTROMTRIEBWERKE
REISEGESCHWINDIGKEIT	Ca. 880 km/h
REICHWEITE	Ca. 3.000 km
BESATZUNG	3-4 (COCKPIT)

Tu-134-Basisversion

Die Tu-134 wurde in zahlreichen Versionen angeboten. Dem Basismodell folgte zunächst die Tu-134K (Komfort) Ausführung für die VIP-Beförderung. Diese Maschinen kamen bei den Regierungs-Staffeln der Sowjetunion, jener der DDR, Ungarns, Bulgariens und des Irak zum Einsatz. Mit der Tu-134A folgte die erste verbesserte Airline-Version. Ihr um 2,10 m verlängerter Rumpf konnte eine weitere Sitzreihe sowie einen vergrößerten Frachtraum hinter der Passagierkabine aufnehmen. Nachdem die Tu-134 noch über einen Bremsschirm zur Verkürzung der Landestrecke verfügte, besaß die Tu-134A weiter entwickelte Solowjev D-30-Triebwerke mit Schubumkehr. Der Prototyp dieser Ausführung flog erstmals am 22. April 1969. Zwei Jahre später versah Tupolew die Tu-134 erstmals mit einem Wetterradar, was den Navigator in der gläsernen Bugkanzel ersetzte. Mit der Tu-134B folgte 1979 die letzte verbesserte zivile Ausführung dieses Arbeitspferds des Ostens.

Die Produktion endete im Jahr 1984 mit den letzten an die nordkoreanische Air Koryo, Syrian Air und Vietnam Airlines ausgelieferten Tu-134B. Analog zur Tu-154 bedeutete dies jedoch noch nicht das endgültige Aus, denn wenige Maschinen verließen in Spezialausführungen noch bis 1989 die Endmontagelinie. Das kommerzielle Ende der Tu-134 in Russland und den Staaten der GUS bewirkten zwei Unfälle in den Jahren 2007 und 2011, die zum Entzug der kommerziellen Betriebserlaubnis durch die russischen Behörden am 31. Dezember 2011 führten. Ungeachtet dessen gibt es Gerüchte, dass die nordkoreanische Air Koryo weiterhin ihre 1984 gelieferten Maschinen betreibt. Andere Tu-134 stehen als Privatmaschinen sowie für Sonderaufgaben bis heute in Russland im Einsatz.

Gleich vier Maschinen der einstigen Interflug-Flotte sind in deutschen Museen ausgestellt und erinnern bis heute an dieses einzigartige Flugzeugmuster, das zahlreichen Ländern des früheren Ostblocks den Start in das Jetzeitalter ermöglichte.

Hinter der markanten Glaskanzel der Tu-134 verbarg sich der Arbeitsplatz des Bordnavigators. (Archiv Flughafen Berlin Brandenburg GmbH)

Rechte Seite: Teil der Interflug Tu-134 Flotte auf dem Vorfeld des Flughafens Berlin-Schönefeld.

DM-SDG
INTERFLUG
DM-SEH
FLUGHAFEN BERLIN-SCHÖNEFELD
SCS

Ту-134

Linke Seite: Von Aeroflot veröffentlichte Zeichnung einer Tu-134.
Oben: Tu-134 der ungarischen Malev und Interflug auf dem Vorfeld des Zentralflughafens der DDR.
Unten: Mit diesem Postkartenmotiv warb Interflug für eine Reise an Bord ihrer Tu-134.

Überflug einer BAC 1-11 Serie 400 des British Aircraft
Corporation-Werkflugplatzes Wisley.

BRITISCHER BESTSELLER

BAC 1-11 »ONE-ELEVEN«

Das Design der BAC 1-11 geht auf eine Projektstudie der Hunting Aircraft Limited mit der Bezeichnung H-107 aus den 50er-Jahren zurück. Doch erst der Zusammenschluss der britischen Luftfahrtindustrie Anfang der 60er-Jahre zur British Aircraft Corporation (BAC) gab den endgültigen Anstoß zur Produktion dieses Zweistrahlers. Am 28. Juli 1963 verließ der BAC 1-11 Prototyp mit dem Kennzeichen G-ASHG die Endmontagehalle in Hurn und startete nur wenige Wochen später am 20. August des Jahres zu seinem Erstflug. Angetrieben wurden die »One Eleven« von zwei Rolls-Royce »Spey« Jet-Motoren unterschiedlicher Versionen und Leistungsstärken. Das »Spey« war in den 60er-Jahren das zivile Standard-Triebwerk britischer Kurz- und Mittelstreckenjets und kam, neben der BAC 1-11, auch in der Hawker Siddeley H.S. 121 »Trident« zum Einbau.

Am 22. Januar 1965 konnte Erstkundin British United Airways ihre erste BAC 1-11 in Empfang nehmen. Mit American Airlines, Braniff und Mohawk Airlines bestellten gleich drei US-amerikanische Fluglinien noch vor dem Erstflug der »One Eleven« eine ansehnliche Flotte des britischen Jetmusters. Im Verlauf der 60er-Jahre entwickelte BAC diverse Varianten der 1-11, die in der gestreckten Version »500« auch bei der britischen Staatsairline British European Airways (BEA) auf Interesse stießen. Der Hersteller setzte auf einen anhaltenden Verkaufserfolg und eröffnete – neben Hurn – eine zweite Endmontagelinie in Weybridge. In der Tat war die »One-Eleven« nicht nur eine große Hoffnung der britischen Luftfahrtindustrie, sondern wurde mit 244 in Großbritannien sowie in Rumänien produzierten Maschinen zum meistgebauten britischen Ziviljet der ersten Generation.

In Deutschland erfreute sich die BAC 1-11 bei Charter-Airlines großer Beliebtheit. Vor allem Bavaria und Germanair, die 1977 fusionierten und aus denen zwei Jahre darauf die Hapag-Lloyd Flug als Vorgängerin der heutigen TUI Fly hervor ging, waren von der Wirtschaftlichkeit des britischen Mittelstreckenjets begeistert.

HERSTELLER	HUNTING AIRCRAFT LTD. / BRITISH AIRCRAFT CORPORATION, HURN, GROSSBRITANNIEN
ERSTFLUG	20.08.1963
GEBAUTE EXEMPLARE	244 (INKLUSIVE 9 ROMBAC 1-11)
SPANNWEITE	27,00 m
LÄNGE	28,50 m
HÖHE	7,50 m
MOTOREN	2 X ROLLS ROYCE »SPEY« MK511
REISEGESCHWINDIGKEIT	Ca. 810 km/h
REICHWEITE	Ca. 3.620 km
BESATZUNG	2 (COCKPIT)

Eagle Airways BAC 1-11 Serie 400

Anders als die Lufthansa, die sich starkem innenpolitischen Druck widersetzte und nicht das europäische Produkt kaufte, sondern sich 1965 für die Boeing 737 als damals völlig neu konzipiertem Kurz- und Mittelstreckenjet entschied. Lufthansa Technikvorstand Gerhard Höltje und seine Mannschaft hatten alle vergleichbaren Muster sorgfältig auf ihre Wirtschaftlichkeit hin geprüft, und Boeing zu Entwicklung und Bau der 737 als dem für Lufthansa geeignetsten Flugzeugtyp gedrängt. Eine Entscheidung, die großen politischen Wirbel auslöste und im zaghaft zusammenwachsenden Europa der Nachkriegszeit für eine nachhaltige Verstimmung zwischen den Regierungen der Bundesrepublik Deutschland und jener Großbritanniens sorgte.

Größtes Manko der BAC 1-11 waren ihre sehr lauten Triebwerke ohne ein nennenswertes Nebenstromverhältnis. Der den Lärm an der Quelle »versiegelnde« Mantel kalter Luft, den ein moderner Fan-Motor erzeugt, fehlt weitestgehend bei der »One Eleven«. Zwar entwickelte die British Aircraft Corporation so genannte »Hush Kits« zur Lärmreduzierung, die auch nachträglich installiert werden konnten, doch war deren Wirkung nur marginal. So mussten sämtliche, kommerziell in Europa zugelassene BAC 1-11 spätestens am 1. April 2002 stillgelegt werden, da sie nicht die strengen »Kapitel 3« Lärmobergrenzen der damaligen europäischen Luftfahrtbehörde JAA erfüllten. Ein 1998, von der britischen Fluglinie European Aviation sowie der US-amerikanischen Firma Quiet Technology gemeinsam vorgestellter Schalldämpfer machte die BAC 1-11 zwar zum »Kapitel 3« Flugzeug. Allerdings wurde dieser nie für die größeren, im Liniendienst genutzten BAC 1-11 der Serie 500 zugelassen.

So blieb es bei fünf umgebauten, einst in den USA zugelassenen Business Jets der kleineren Serie 400. Viel versprechend war auch das noch radikalere Konzept der amerikanischen Dee Howard Inc.. Sie plante bereits 1990, BAC 1-11 Business Jets auf noch leisere und wirtschaftlichere Rolls-Royce Tay Mk.650 Mantelstromtriebwerke umzurüsten. Von der nun BAC 1-11 »2400« genannten Version entstanden mangels Kundeninteresse jedoch nur zwei Vorführmaschinen.

Während von den amerikanischen Konkurrenzmustern Boeing 737 und Douglas DC-9 immer neue, verbesserte Versionen in großen Stückzahlen verkauft wurden, ging die Fertigung der in Großbritannien gebauten BAC 1-11 am 6. Juni 1984 nach 235 Exemplaren zu Ende.

Dies bedeutete jedoch noch nicht ganz das Ende der »One Eleven«, denn in Rumänien produzierte der staatseigene Flugzeughersteller CNIAR zwischen 1982 und 1989 die ROMBAC 1-11 in Lizenz. Dieses mit großen Ambitionen gestartete Joint-Venture plante zunächst, bis zu 80 Exemplare zu fertigen, doch endete die Produktion mangels Nachfrage bereits nach nur neun fertig gestellten Flugzeugen. Die letzte Maschine mit dem Kennzeichen YR-BRI wurde 1991 an die rumänische Staatsairline Romavia ausgeliefert.

Von den 244 produzierten BAC 1-11 flogen im Sommer 2017 noch zwei Exemplare, die der US-amerikanische Luft- und Raumfahrtkonzern Northrop Grumman als Versuchsträger nutzt. Werden diese beiden Maschinen mit den Kennzeichen N162W sowie N164W in absehbarer Zeit ausgemustert, wird das Kapitel des letzten, komplett in Großbritannien gebauten, und mit britischen Triebwerken ausgerüsteten Jetliners unwiderruflich zu Ende gehen.

Oben links: Die gestreckte Serie 500 war bei deutschen Charter-Airlines wie Hapag Lloyd und ihren Vorgängerinnen Bavaria und Germanair sehr beliebt.

Oben rechts: Ursprünglich im Jahr 1969 an British European Airways (BEA) ausgeliefert, hatte diese BAC 1-11 diverse weitere Eigner. Darunter die sehr kurzlebige Air Bristol, deren Lackierung diese Maschine nur im Oktober 1993 trug.

Unten rechts: Die belgische Fluglinie Sabena mietete Mitte der 90er-Jahre diese BAC 1-11 in Ergänzung ihrer Boeing 737-Flotte. Das Foto entstand im April 1995 am Flughafen Kopenhagen.

Auf dieser Aufnahme sind die nach vorne gepfeilten Hansa Jet-Tragflächen sehr gut zu erkennen.

DER VORGEPFEILTE FLÜGEL

HFB 320 »HANSA JET«

Als die Hamburger Flugzeugbau GmbH (HFB) Anfang der 60er-Jahre ihr Projekt der HFB 320 vorstellte, dominierten Hawker-Siddeley, Dassault, Lockheed, Grumman, North American und Lear den Markt für Geschäftsreisejets. Ein Unternehmen namens HFB kannten jedoch nur die Wenigsten. Dabei zählte Blohm & Voss, aus der die Hamburger Flugzeugbau GmbH hervorging, bereits in den 30er-Jahren zu den bekanntesten deutschen Flugzeugherstellern – vor allem von Wasserflugzeugen. Das viermotorige Katapult-Postflugboot Ha 139 sowie die sechsmotorige B&V 238, einst für die Lufthansa als luxuriöses Transatlantik-Flugboot konzipiert, hatten damals international für Aufsehen gesorgt.

Doch nach Ende des Zweiten Weltkriegs und dem erst 1955 aufgehobenen Verbot des Flugzeugbaus in Westdeutschland geriet der Name HFB weitestgehend in Vergessenheit. Das Unternehmen hielt sich zunächst mit dem Lizenzbau der Nord 2501 »Noratlas« der Beteiligung am »Transall« C160 Konsortium sowie mit dem Bau der dritten Stufe der ERNO »Europa«-Rakete finanziell über Wasser. Das erste vollständig in Hamburg nach dem Krieg konzipierte und gebaute Flugzeugmuster sollte jedoch der HFB 320 »Hansa Jet« werden.

Im Juni 1963 präsentierte HFB erstmals seine 320 dem internationalen Fachpublikum auf dem Aerosalon in Paris Le Bourget. Neben diversen Verkaufsbroschüren hatten die Hamburger eine Attrappe des Flugzeugrumpfes in Originalgröße nach Paris mitgebracht, die den Unterschied des »Hansa Jet« zu allen anderen Flugzeugmustern seiner Größenordnung auf anschauliche Weise verdeutlichte.

HERSTELLER	HAMBURGER FLUGZEUGBAU GMBH, HAMBURG-FINKENWERDER, DEUTSCHLAND
ERSTFLUG	21.04.1964
GEBAUTE EXEMPLARE	47
SPANNWEITE	14,49 m
LÄNGE	16,61 m
HÖHE	4,94 m
MOTOREN	2 X GENERAL ELECTRIC CJ610 / -1, -5, -9
REISEGESCHWINDIGKEIT	Ca. 800 km/h
REICHWEITE	Ca. 2.000 km
BESATZUNG	2 (COCKPIT)

Auf Grund seiner um minus 15 Grad nach vorne gepfeilten Tragflügel verläuft deren Verbindung in einer so genannten Mitteldecker-Konzeption hinter der Fluggastkabine durch den Rumpf. Dies ermöglichte es den Konstrukteuren des Hamburger Flugzeugbaus, einen »Großraumjet« mit einzigartigen Kabinenmaßen in seiner Kategorie zu konzipieren. So beträgt die durchgängige Stehhöhe 1,75 m, die maximale Rumpfbreite 1,90 m, und die Passagierkabine ist ganze 4,58 m lang.

Aufgrund seiner Zulassung als vollwertiges Verkehrsflugzeug kam der »Hansa Jet« im Commuter-Liniendienst bei diversen US-amerikanischen und kanadischen Fluggesellschaften zum Einsatz. In dieser Airline-Ausführung fanden zwei Piloten, 12 Fluggäste sowie eine Stewardess bequem an Bord Platz. Neben einer geräumigen Bordtoilette verfügte die HFB 320 über eine kleine Pantry für die Bordverpflegung.

Die Produktion des »Hansa Jet« fand bereits in internationaler Kooperation statt und war somit ein kleiner Vorgeschmack auf das darauf folgende Airbus-Programm. Das Heck samt Leitwerk fertigte CASA in Spanien, das Fahrwerk stammte von Lockheed aus dessen britischem Zweigwerk, die Tragflächen fertigte SIAT in Donauwörth, die Triebwerke General Electric in den USA, den Rumpf die Hamburger Flugzeugbau GmbH in ihrem Werk Stade, und die Endmontage zum ganzen Flugzeug erfolgte schließlich bei HFB in Hamburg-Finkenwerder. Und noch eine Parallele gibt es zu Airbus: HFB bot bereits für ihren »Hansa Jet« eine Ersatzteilversorgung rund um die Uhr, an 365 Tagen im Jahr an. Dafür unterhielt der Hersteller eine Hotline und Teilelager am Firmensitz in Hamburg, sowie auch in den USA.

So sammelte HFB nicht nur bei der Entwicklung und Produktion von Jets, sondern auch beim Kundenservice anhand des »Hansa Jets« wertvolle Erfahrung, die Hamburg für seine heutige Rolle als größtem deutschen Airbus-Standort und deutscher Airbus-Endmontagelinie qualifizierte. Zudem ist Hamburg Sitz des Airbus-Tochterunternehmens Airspares, über das der Flugzeughersteller seine weltweiten Kunden mit Ersatzteilen versorgt. Werner Blohm, Sohn des Firmengründers und in den 60er-Jahren kaufmännischer HFB-Geschäftsführer, bringt es auf den Punkt: »Ohne den Hansa Jet gäbe es heute keine Airbus-Produktion in Hamburg!«

Der HFB 320-Prototyp V1 mit dem Kennzeichen D-CHFB startete am 21. April 1964 in Hamburg zu seinem 73minütigen Erstflug. Um 10:29 Uhr hob die Maschine mit Chef-Testpilot Loren William »Swede« Davis am Steuer in Finkenwerder ab, um nach dem Test aller Steuerungssysteme, Trimmung, Landeklappen und Luftbremsen in Lemwerder bei Bremen zu landen. Davis nach dem Erstflug über den »Hansa Jet«: »Dieses Flugzeug mit seinen vorgepfeilten Flügeln hat bei diesem ersten Versuch gute Flugeigenschaften gezeigt. Ich habe schon viele Flugzeugtypen geflogen und bin der Überzeugung, dass diese neue Bauform alle Erwartungen erfüllen wird.« Nach einer dreijährigen Testphase erhielt der »Hansa Jet« am 21. Februar 1967 seine deutsche und wenige Wochen später seine amerikanische Verkehrszulassung.

Das ungewöhnliche Design der HFB 320, auf das Loren Davis in seinem Kommentar zum Erstflug anspielte, ging auf eine Idee des HFB-Chefingenieurs Dipl.-Ing. Hans Wocke zurück. Er war im Jahr 1944 Projektleiter der Junkers Flugzeugwerke in Dessau für den ersten vierstrahligen Jet-Bomber der Welt – die Ju 287. Wie der »Hansa Jet« 20 Jahre später, so war auch die Ju 287 mit negativ gepfeilten Tragflächen ausgestattet. Wocke erinnerte sich beim Design der HFB 320 an seine Erfahrungen mit dem Junkers-Projekt und brachte sein Know-how bei dem Entwurf des ersten deutschen in Serie gebauten Düsenverkehrsflugzeugs ein.

Die Vorteile des negativ nach vorne gepfeilten Flügels waren vielfältig. Neben einem besseren Flugverhalten gerade bei langsamen Geschwindigkeiten hatten die Passagiere eine ungehinderte, flügelfreie Sicht auf die Welt unter ihnen. Größter Pluspunkt war jedoch die geräumige Kabine, die von keinem Flügelholm, wie bei den meisten Konkurrenzmustern, durchquert wurde. HFB nutzte die sich bietenden Möglichkeiten auf optimale Weise und konzipierte den »Hansa Jet« mit einer »Quick Change« Konfiguration. So verfügten die Käufer einer HFB 320 nicht nur über einen Airliner mit zwölf Sitzen, sondern zudem über einen Frachter oder eine VIP-Maschine mit sieben Sesseln. Die Umrüstung von einer Variante zur anderen dauerte zwischen zehn und maximal 35 Minuten. Damit nicht genug, entwickelte HFB eine Schulungs-Version für die Ausbildung angehender Piloten, die von der nationalen holländischen Luftfahrtschule in Eelde bestellt wurde. Am augenfälligsten war jedoch die HFB 320ECM-Version der deutschen Luftwaffe mit ihren diversen Antennenanbauten, die als Trainer für die elektronische Kampfführung zum Einsatz gelangte.

Insgesamt wurden 47 »Hansa Jet« gebaut. Davon zwei Prototypen und 45 Serienflugzeuge. Ein weiter entwickelter HFB 330 »Fan Jet« mit verlängertem Rumpf und leiseren sowie sparsameren Garrett ATF 3 Mantelstromtriebwerken

Die Endmontagelinie des Hansa Jets Mitte der 60er-Jahre in Hamburg-Finkenwerder.

wurde 1969 der Öffentlichkeit vorgestellt, doch nicht verwirklicht. Messerschmitt-Bölkow-Blohm (MBB), in die der Hamburger Flugzeugbau im gleichen Jahr aufgegangen war, sah sich gezwungen, alle zivilen Investitionen in das anlaufende Airbus-Projekt zu lenken.

Von den 47 gebauten Maschinen ist derzeit keine flugfähig. Doch arbeiten die Mitglieder des gemeinnützigen Vereins Ein HANSA JET für Hamburg e.V. (www.hansajet.org) in ihrer Freizeit ehrenamtlich an der flugfähigen Instandsetzung einer HFB 320. Die fünfte Serienmaschine startete im Dezember 1966 zu ihrem Erstflug und soll als historisches Einzelstück in Deutschland zugelassen werden. Der Verein ist Gast von Airbus in Finkenwerder und plant, seinen »Hansa Jet« künftig als fliegenden Botschafter des Luftfahrtstandortes Hamburg im In- und Ausland zu präsentieren.

HFB 320 —HANSA—

Oben: Bis zu zwölf Passagiere fanden in der Airline-Ausführung des Hansa Jets bequem an Bord Platz. Zur optimalen Ausnutzung des Kabinenraums waren die seitlichen Sitze schräg zur Flugrichtung angeordnet womit die Beine der Fluggäste in die Kabinenmitte ragten. Dieses Design findet sich heutzutage in zahlreichen Business Class-Kabinen auf der Langstrecke wieder.

Unten: Die HFB 320 verfügte über ein sehr modern ausgestattetes Cockpit, das mit den modernsten Instrumenten der damaligen Zeit ausgestattet war. Die sphärisch gebogenen Fenster boten zudem eine gute Sicht für die Beobachtung des umgebenden Luftraums.

Rechte Seite: Diese von HFB veröffentlichte Schnittzeichnung vermittelt einen guten Eindruck vom konstruktiven Aufbau des Hansa Jets.

HFB 320 HANSA Prototyp

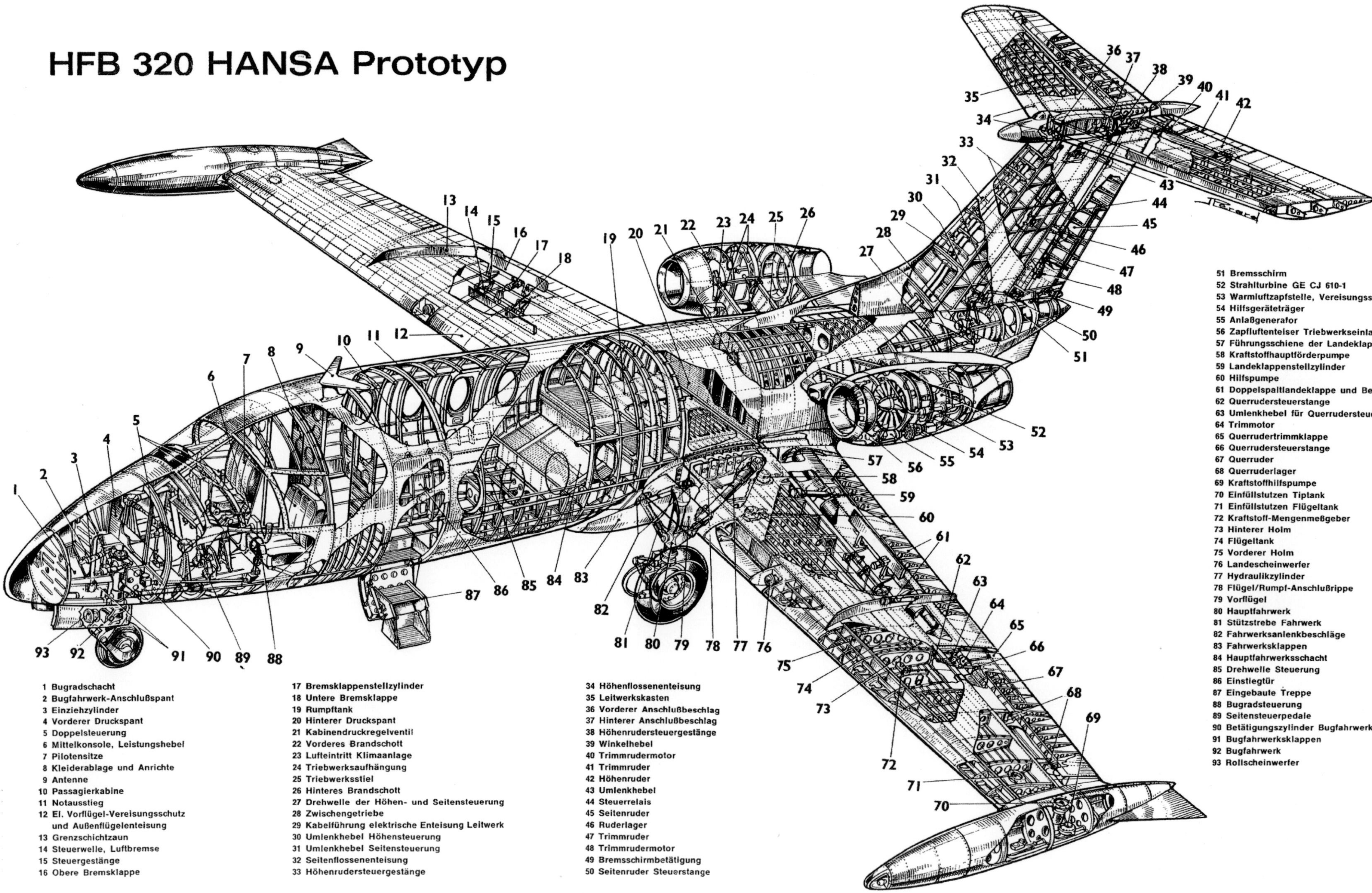

1 Bugradschacht
2 Bugfahrwerk-Anschlußspant
3 Einziehzylinder
4 Vorderer Druckspant
5 Doppelsteuerung
6 Mittelkonsole, Leistungshebel
7 Pilotensitze
8 Kleiderablage und Anrichte
9 Antenne
10 Passagierkabine
11 Notausstieg
12 El. Vorflügel-Vereisungsschutz und Außenflügelenteisung
13 Grenzschichtzaun
14 Steuerwelle, Luftbremse
15 Steuergestänge
16 Obere Bremsklappe
17 Bremsklappenstellzylinder
18 Untere Bremsklappe
19 Rumpftank
20 Hinterer Druckspant
21 Kabinendruckregelventil
22 Vorderes Brandschott
23 Lufteintritt Klimaanlage
24 Triebwerksaufhängung
25 Triebwerksstiel
26 Hinteres Brandschott
27 Drehwelle der Höhen- und Seitensteuerung
28 Zwischengetriebe
29 Kabelführung elektrische Enteisung Leitwerk
30 Umlenkhebel Höhensteuerung
31 Umlenkhebel Seitensteuerung
32 Seitenflossenenteisung
33 Höhenrudersteuergestänge
34 Höhenflossenenteisung
35 Leitwerkskasten
36 Vorderer Anschlußbeschlag
37 Hinterer Anschlußbeschlag
38 Höhenrudersteuergestänge
39 Winkelhebel
40 Trimmrudermotor
41 Trimmruder
42 Höhenruder
43 Umlenkhebel
44 Steuerrelais
45 Seitenruder
46 Ruderlager
47 Trimmruder
48 Trimmrudermotor
49 Bremsschirmbetätigung
50 Seitenruder Steuerstange
51 Bremsschirm
52 Strahlturbine GE CJ 610-1
53 Warmluftzapfstelle, Vereisungsschutz
54 Hilfsgeräteträger
55 Anlaßgenerator
56 Zapfluftenteiser Triebwerkseinlauf
57 Führungsschiene der Landeklappe
58 Kraftstoffhauptförderpumpe
59 Landeklappenstellzylinder
60 Hilfspumpe
61 Doppelspaltlandeklappe und Betätigungszylinder
62 Querrudersteuerstange
63 Umlenkhebel für Querrudersteuerung
64 Trimmotor
65 Querrudertrimmklappe
66 Querrudersteuerstange
67 Querruder
68 Querruderlager
69 Kraftstoffhilfspumpe
70 Einfüllstutzen Tiptank
71 Einfüllstutzen Flügeltank
72 Kraftstoff-Mengenmeßgeber
73 Hinterer Holm
74 Flügeltank
75 Vorderer Holm
76 Landescheinwerfer
77 Hydraulikzylinder
78 Flügel/Rumpf-Anschlußrippe
79 Vorflügel
80 Hauptfahrwerk
81 Stützstrebe Fahrwerk
82 Fahrwerksanlenkbeschläge
83 Fahrwerksklappen
84 Hauptfahrwerksschacht
85 Drehwelle Steuerung
86 Einstiegtür
87 Eingebaute Treppe
88 Bugradsteuerung
89 Seitensteuerpedale
90 Betätigungszylinder Bugfahrwerk
91 Bugfahrwerksklappen
92 Bugfahrwerk
93 Rollscheinwerfer

Dramatische Gegenlichtaufnahme einer DC-9-15 der Swissair.
(Swissair)

FAMILIENBANDE

DOUGLAS DC-9

Obgleich die DC-9 zeitweilig zum meist gebauten Jetliner avancierte, um diesen Titel dann doch an die Boeing 737 abzugeben, sahen ihre Perspektiven zum Zeitpunkt des Programmstarts im April 1963 nicht gerade vielversprechend aus. Denn erst einen Monat nach dem »go-ahead« erteilte Delta Air Lines einen ersten, mageren Auftrag über ganze 15 Flugzeuge. Sehr zur Erleichterung des Herstellers zogen die Verkaufszahlen jedoch schon wenig später kräftig an. Dem Erstflug des Prototypen am 25. Februar 1965 folgte ein intensives Flugerprobungsprogramm, bevor das erste Serienflugzeug der Version DC-9-14 am 8. Dezember 1965 bei der US-amerikanischen Fluglinie Delta Air Lines in Dienst gestellt wurde. Binnen weniger Monate erhielten auch Continental, Eastern und TWA ihre ersten Maschinen, mit denen sie Jet-Komfort selbst auf wenig frequentierten Routen einführten. So populär diese erste DC-9-Variante anfangs auch war, trennten sich die Erstkunden schnell wieder von ihren DC-9-10, sobald größere Versionen mit niedrigeren Betriebskosten dieses Musters verfügbar waren.

MUSTER	DC-9-10
HERSTELLER	DOUGLAS AIRCRAFT COMPANY, LONG BEACH, KALIFORNIEN, USA
ERSTFLUG	25.02.1965
GEBAUTE EXEMPLARE	137
SPANNWEITE	27,25 m
LÄNGE	31,80 m
HÖHE	8,35 m
MOTOREN	2 X PRATT & WHITNEY JT8D-1
REISEGESCHWINDIGKEIT	Ca. 840 km/h
REICHWEITE	Ca. 2.335 km
BESATZUNG	2 (COCKPIT)

Swissair DC-9-15-Version

KLM WIRD EUROPÄISCHER ERSTKUNDE

Als erste europäische Fluglinie bestellte die holländische KLM den neuen Jet aus dem kalifornischen Long Beach. Der am 25. März 1966 ausgelieferten DC-9-15 mit dem Namen »City of Amsterdam« folgten noch fünf weitere Maschinen des gleichen Typs. Ab November 1967 erweiterte KLM ihre Flotte um 13 größere DC-9-32, während sechs DC-9-33RC »Rapid Change« in den Jahren 1968/69 zuletzt bei den »Fliegenden Holländern« in Dienst gingen. Über eine seitliche Frachttür auf dem Hauptdeck konnte diese Version binnen kürzester Zeit von einer reinen Passagierausführung zum Frachter umgerüstet werden.

KLM zählte über sieben Jahrzehnte zu den treuesten Douglas-Kunden. Die älteste Fluggesellschaft der Welt, die noch unter ihrem Gründungsnamen fliegt, kaufte von der DC-2 im Jahr 1934 bis zur DC-10-30 jeden von Douglas gebauten zivilen Flugzeugtyp. Dazu gehörte auch die erfolglose DC-5, von der KLM als weltweit einzige

MUSTER	**DC-9-21**
ERSTFLUG	21.09.1968
GEBAUTE EXEMPLARE	10
SPANNWEITE	28,50 m
LÄNGE	31,90 m
HÖHE	8,40 m
MOTOREN	2 X PRATT & WHITNEY JT8D-11
REISEGESCHWINDIGKEIT	Ca. 815 km/h
REICHWEITE	Ca. 2.300 km
BESATZUNG	2 (COCKPIT)

MUSTER	**DC-9-32**
ERSTFLUG	01.08.1967
GEBAUTE EXEMPLARE	662 (INKL. MILITÄRISCHE VARIANTEN)
SPANNWEITE	28,44 m
LÄNGE	36,36 m
HÖHE	8,38 m
MOTOREN	2 X PRATT & WHITNEY JT8D-9
REISEGESCHWINDIGKEIT	Ca. 800 km/h
REICHWEITE	Ca. 2.700 km
BESATZUNG	2 (COCKPIT)

Swissair DC-9-32-Version

Begegnung zweier Legenden: die Douglas DC-3 Dakota und eines der DC-9-14 Testflugzeuge. (SAS)

Die deutsche Charter-Fluglinie Atlantis erwarb diese DC-9-32 im Jahr 1970 fabrikneu von Douglas. Ihr Einsatz zu Ferienzielen rund ums Mittelmeer währte jedoch nur kurz, denn bereits zwei Jahre später musste Atlantis nach Zahlungsschwierigkeiten den Flugbetrieb wieder einstellen.

Airline vier Exemplare einsetzte. Den Abschluss dieser langen Geschäftsverbindung bildete 1990 eine Bestellung von zehn Maschinen, der aus der DC-10 weiterentwickelten MD-11. Zu diesem Zeitpunkt hatten sich die Niederländer jedoch bereits aus der engen Verbindung zu McDonnell Douglas gelöst und mit der Boeing 737-300 erstmals eine direkte Konkurrentin zu einem Produkt ihres traditionellen Flugzeuglieferanten in Dienst gestellt.

MUSTER	DC-9-41
ERSTFLUG	28.11.1967
GEBAUTE EXEMPLARE	71
SPANNWEITE	28,50 m
LÄNGE	38,30 m
HÖHE	8,60 m
MOTOREN	2 X PRATT & WHITNEY JT8D-11
REISEGESCHWINDIGKEIT	Ca. 815 km/h
REICHWEITE	Ca. 2.600 km
BESATZUNG	2 (COCKPIT)

SAS-Version

MUSTER	DC-9-51
ERSTFLUG	17.12.1974
GEBAUTE EXEMPLARE	96
SPANNWEITE	28,44 m
LÄNGE	40,72 m
HÖHE	8,53 m
MOTOREN	2 X PRATT & WHITNEY JT8D-17
REISEGESCHWINDIGKEIT	Ca. 800 km/h
REICHWEITE	Ca. 2.700 km
BESATZUNG	2 (COCKPIT)

Swissair DC-9-51-Version

Wie KLM zählten auch die eidgenössische Swissair und die skandinavische SAS zu den Douglas-Kunden der ersten Stunde. Während die Schweizer 1934 mit der DC-2 das erste Muster einsetzten, brachten die drei Gründungsgesellschaften des 1946 formierten SAS-Konsortiums eine große Zahl der legendären DC-3 »Dakota« und DC-4 in den trinationalen Airline-Zusammenschluss ein. Sowohl Swissair als auch SAS flogen mit DC-4, DC-6, DC-6B, DC-7C und DC-8-32 sämtliche Douglas-Erfolgsmuster. Als Swissair 1965 schließlich auch die DC-9-10 bestellte, war es nur eine Frage der Zeit, bis SAS dem Beispiel ihres damals engen technischen und kommerziellen Partners folgen würde.

MASSGESCHNEIDERTE DC-9 FÜR SAS

Doch weder die DC-9-10 noch die um 4,57 m verlängerte Serie 30 entsprach den Vorstellungen der Skandinavier hinsichtlich Reichweite und Passagierkapazität. SAS suchte ein geeignetes Nachfolgemuster für ihre SE 210 III »Caravelle«-Flotte, die sie erst sechs Jahre zuvor, als erste Fluggesellschaft der Welt, im Liniendienst eingesetzt hatte. Die »Caravelle« galt Ende der 50er-Jahre als technologische Sensation, doch hatte sich der Flugzeugbau in den wenigen Jahren bis 1965 rasant weiterentwickelt. Die alternativen BAC 1-11, Boeing 727, Boeing 737 und DC-9 boten im Vergleich zur SE 210 die Möglichkeit, mehr Nutzlast bei wesentlich niedrigeren Betriebskosten zu transportieren. Schließlich unterbreitete Douglas ein verlockendes Angebot. Die Amerikaner waren bereit, eine speziell für SAS maßgeschneiderte Version der DC-9 zu entwickeln. Mit einem gegenüber der DC-9-30 nochmals um 1,92 m verlängerten Rumpf war die resultierende DC-9-41 für den Transport von maximal 125 Passagieren ausgelegt. Am 25. Januar 1966 bestellten die »fliegenden Wikinger« zunächst zehn Maschinen »ihrer« DC-9. Gegenüber der »Caravelle« konnte die DC-9-41 bis zu 18 Passagiere und 13 Kubikmeter Fracht zusätzlich befördern – und das bei einem um 200 Liter pro Stunde niedrigeren Treibstoffverbrauch. Die erste für SAS maßgeschneiderte DC-9-41 mit dem Taufnamen »Hemming Viking« und der Zulassung OY-KGA traf am 29. Februar 1968 in Skandinavien ein und nahm den Liniendienst einen Monat später auf der Route Kopenhagen–Stockholm auf.

Insgesamt bestellte SAS 49 Maschinen dieses Typs, von denen einige Exemplare an Swissair, und der von SAS gegründeten, Thai Airways International vermietet wurden. Die Spezialisierung dieser DC-9 Version für das SAS-Streckennetz mag mit ein Grund dafür gewesen sein, dass lediglich die japanische Toa Domestic Airlines noch 22 weitere DC-9-41 für ihr Inlandsnetz bestellte. Nach nur 71 Exemplaren für diese zwei Kunden wurde die Produktion deshalb wieder eingestellt. Erst 1991 verkauften die geschäftstüchtigen SAS-Manager die erste DC-9-41 für acht Millionen US-Dollar an Northwest Airlines – und erzielten 3,5 Millionen Dollar mehr, als sie im Jahr 1968 für das Flugzeug bezahlt hatten.

DIE SPORTLICHE DC-9

Während sich die DC-9-41 erfolgreich im Einsatz auf den SAS-Europarouten bewährten, standen die Skandinavier noch vor der Aufgabe, einen Ersatz für ihre Convair CV 440 Propellermaschinen zu finden. Diese »Metropolitan« kamen Ende der 60er-Jahre überwiegend auf skandinavischen Inlandsrouten zum Einsatz, da sie als einziges Flugzeug in der SAS-Flotte die extrem kurzen Startbahnen vieler nordischer Provinzflughäfen nutzen konnten.

Die britische BAC 1-11 stand bereits in der engeren Wahl, als Douglas zum zweiten Mal ein unwiderstehliches Angebot machte. Der offerierte Hybrid kombinierte den kurzen Rumpf der DC-9 Serie 10 mit den großen Tragflächen und starken Motoren der längeren DC-9-41. Die resultierende DC-9-21 war, wie man sich unschwer vorstellen kann, ein richtiges Kraftpaket. Selbst von den nur 1.600 m kurzen Pisten der norwegischen Flughäfen nördlich des Polarkreises konnten die DC-9-21 mit voller Nutzlast zum Flug in die Hauptstadt Oslo starten. Kein Wunder, dass sie von SAS-Piloten bereits nach kurzer Zeit wegen ihrer außergewöhnlichen Flugeigenschaften DC-9 »Sport« getauft wurde. Diese Spezialisierung erkaufte sich SAS allerdings um den Preis extrem hoher Kosten pro Sitzkilometer. So erfüllte die DC-9-21 ihren Zweck in Skandinavien, doch es blieb bei den zehn, speziell für SAS gebauten Exemplaren.

DIE GRÖSSTE DC-9 »CLASSIC«

Die schweizerische Fluglinie Swissair war Erstkundin der letzten, ausschließlich als »DC-9« vermarkteten Version, bevor McDonnell Douglas mit den als MD-80 und MD-90 bezeichneten Flugzeugfamilien nochmals einen großen Evolutionsschritt des DC-9-Grundmusters vollzog.

Gegenüber dem Basismodell DC-9-10 besaß die Serie 51 einen um insgesamt 8,89 m verlängerten Rumpf und leistungsfähigere Triebwerke der Version Pratt & Whitney JT8D-17. Insgesamt zwölf DC-9-51 kamen auf dem Liniennetz der Swissair ab August 1975 zum Einsatz. Weitere europäische Kunden dieses Muster waren Austrian Airlines, Itavia und Finnair.

EPILOG

Wenn die letzten DC-9 »Classic« in wenigen Jahren endgültig aus dem globalen Luftverkehr verschwunden sind, lebt ihr Design in den moderneren MD-80 und MD-90-30 Nachfolgerinnen weiter. Nicht zu vergessen die von McDonnell Douglas entwickelte MD-95, die Boeing mit nur mäßigem Erfolg als 717 vermarktete.

Für viele Jahre wird daher die unverwechselbare, über fünf Jahrzehnte alte Silhouette der eleganten Douglas DC-9 noch am Himmel zu bestaunen sein.

Swissair gab die Initialzündung für die Entwicklung der DC-9-51. Sie war die längste Version des DC-9-Basismodells, bevor McDonnell Douglas nachfolgende DC-9-Varianten als MD-80 und MD-90 vermarktete. (Swissair)

SWISSAIR
HB-ISS

Diese Schnittzeichnung zeigt die Aufteilung der Kabine
einer SAS DC-9-41 (SAS)

SUPER DC-9
SAS

SCANDINAVIAN
SAS
OY-KGA

Die Version DC-9-41 wurde von Douglas für Scandinavian Airlines maßgeschneidert. (SAS)

Die DC-9-21 war für die kurzen Pisten der norwegischen Flughäfen im SAS-Streckennetz optimiert. Mit extrem starken Triebwerken und Hochauftriebshilfen an den Tragflächen ausgestattet, verlieh ihr dies außergewöhnlich gute Flugeigenschaften. Liebevoll wurde sie daher von den SAS-Piloten auch DC-9 »Sport« genannt. (SAS)

Werbepostkarten wie diese verteilte General Air an Bord der Jak-40 an ihre Fluggäste.

ÜBER BLOCKGRENZEN HINWEG

JAKOWLEW JAK-40

Nicht nur im Westen, auch hinter dem »Eisernen Vorhang« suchte die sowjetische Luftfahrindustrie nach einem geeigneten Nachfolger für die legendäre Douglas DC-3. Nur hieß sie dort Lisunov Li-2 und war ein russischer Lizenzbau der unverwüstlichen amerikanischen »Dakota«.

Die Jak-40 war ausdrücklich als ein eben solcher Li-2 Nachfolger geplant. Mit seinem ersten Entwurf eines Verkehrsflugzeugs betrat Jakowlew mit der Jak-40 völlig neues Terrain. Für diesen Flugzeugtyp neu entwickelt waren auch die vom Triebwerkshersteller Iwtschenko produzierten Fan-Triebwerke. Dass Jakowlew gleich drei davon in die Jak-40 einbaute, hing mit dem speziellen Einsatzgebiet des 27sitzigen Regionaljets zusammen. Wie die Lisunov Li-2 sollte auch die Jak-40 von extrem kurzen, unbefestigten Pisten aus operieren können. Wäre eines von drei Triebwerken beim Start ausgefallen, hätte die Jak-40 nur ein Drittel der Schubleistung verloren – und nicht gleich die Hälfte im Vergleich zur alternativen Auslegung als Zweistrahler.

Die Jak-40 fand nicht nur Interesse bei Fluglinien im wirtschaftlichen Einflussbereich der Sowjetunion sondern auch bei westeuropäischen Airlines. Und so erwarben die italienische Avio Ligure sowie die westdeutsche General Air mit Sitz in Hamburg einige Exemplare. Als Verkäuferin trat dabei die sowjetische Aviaexport-Verkaufsagentur in Erscheinung, die ein westdeutscher Werbefachmann aus dem ostwestfälischen Blomberg unterstützte. General Air hatte fünf Jak-40 bestellt, die mit großem Aufwand unter der Aufsicht des westdeutschen Luftfahrt-Bundesamtes als verantwortlicher Behörde mit einer D-Registrierung zugelassen wurden. Nach der Auslieferung der ersten Maschinen im Jahr 1972 zeigte sich jedoch schnell, dass entgegen aller Erwartungen mit den russischen Jets im innerdeutschen Luftverkehr kein Geld zu verdienen ist. Speziell für die Jak-40 errichtete General Air eine technische Basis am Flughafen Lübeck, von der aus die Regionaljets zu ihren täglichen Umläufen nach Hamburg, Bremen, Düsseldorf, Frankfurt, Saarbrücken und München abhoben. Am Flugplatz Kassel-Calden hatte General Air für ihre russischen Maschinen ein kleines Drehkreuz eingerichtet,

HERSTELLER	JAKOWLEW, UDSSR
ERSTFLUG	21.10.1966
GEBAUTE EXEMPLARE	1.011
SPANNWEITE	25,00 m
LÄNGE	20,20 m
HÖHE	6,50 m
MOTOREN	3 X IWTSCHENKO AI-25
REISEGESCHWINDIGKEIT	Ca. 550 km/h
REICHWEITE	Ca. 1.500 km
BESATZUNG	2 (COCKPIT)

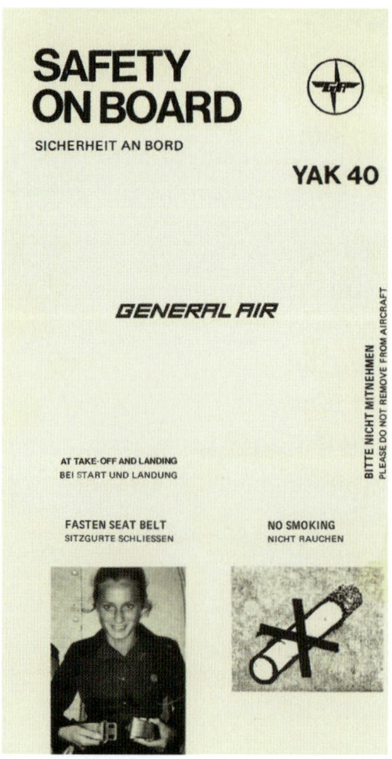

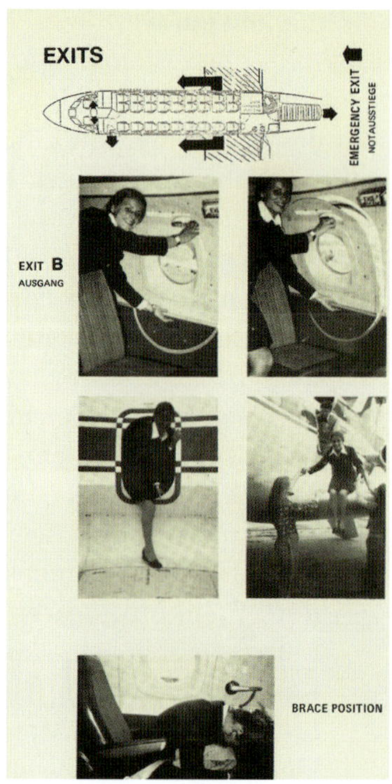

von dem aus die Jets Richtung Nord, Süd und West operierten. Der Flug Richtung Osten war damals prinzipiell noch von der innerdeutschen Grenze versperrt. Vielleicht war es ihren guten Kontakten in die Sowjetunion zu verdanken, dass General Air dennoch mit Jak-40 Charterflüge zwischen der Bundesrepublik und der Leipziger Frühjahrsmesse in der DDR anbieten durfte. Da Nonstop-Flüge aus politischen Gründen untersagt waren, mussten die Maschinen auf dem Weg zwischen West und Ost jeweils in der tschechoslowakischen Hauptstadt Prag zwischenlanden.

Der Jak-40 Einsatz stand für General Air von Anfang an unter keinem guten Stern. Der Fluglotsenstreik 1973, der Ölpreisschock 1973/74 sowie die Pleite des Bankhauses Mertz & Co. als eigenem Großinvestor im Jahr 1974 führten dazu, dass General Air bereits 1975 die Jak-40 wieder stilllegte und im darauf folgenden Jahr Insolvenz anmelden musste. Die westdeutschen Jak-40 wurden daraufhin von Aviaexport zurück genommen und fliegen teilweise noch heute in Russland. So ging nach nur wenigen Jahren ein spannendes Kapitel des deutschen Luftverkehrs wieder zu Ende, das heutzutage weitestgehend in Vergessenheit geraten ist.

Dieses westdeutsche Intermezzo war zwar eine Schlagzeilen trächtige Ost-West-Wirtschaftsaffäre, doch das Gros der Jak-40 flog im Einflussbereich der damaligen Sowjetunion. So kamen diese robusten Dreistrahler in Afghanistan bei Bakhtar Afghan, bei der russischen Aeroflot, aber auch bei den tschechoslowakischen CSA und Slovair zum Einsatz. Die Streitkräfte des blockfreien Jugoslawiens nutzten Jak-40 als Verbindungsmaschinen, wie es zahleiche Nationen des Ostblocks taten. Noch heute stehen einige der über 1.000 gebauten Regionaljets bei Streitkräften, Airlines sowie als Firmenflugzeuge im Einsatz.

Links oben: Ein Wunschtraum blieb diese von General Air in ihrem Bordmagazin veröffentlichte Flottenübersicht. Für die zweistrahlige VFW 614 hatte die Airline zwar Optionen gezeichnet, doch vereitelte die frühzeitige Insolvenz eine verbindliche Bestellung des in Bremen gebauten Regionaljets.

Links unten: Unter Sammlern begehrt sind heutzutage diese Safety Cards der General Air Jak-40.

Rechts Seite: Aeroflot veröffentlichte von sämtlichen Flugzeugmustern der eigenen Flotte Bordpostkarten. So auch von ihren Jak-40.

СССР-87619
СССР

Lufthansa war nicht nur Erstkunde, sondern auch intensiv an der Konzeption der Boeing 737 beteiligt. (Lufthansa)

DER CITY-JET WIRD FLÜGGE

BOEING 737

Als Boeing am 8. Mai 1964 mit Projektstudien eines kleinen, zweistrahligen Jets begann, hatte sich der Wettbewerb längst mit eigenen Entwürfen im Markt positioniert. Die französische Sud Aviation SE 210 »Caravelle« flog seit 1958 im Linienverkehr, British Aircraft Corporation stellte 1961 ihre BAC 1-11 vor, während Erzrivale Douglas im kalifornischen Long Beach noch im gleichen Jahr das Modell 2086 präsentierte, aus dem die im April 1963 offiziell gestartete DC-9 hervorging. Das zunächst von Boeing verfolgte Konzept schloss sich den Entwürfen der übrigen Produzenten an und sah einen kleinen Jet mit schmalem Rumpf und zwei Triebwerken im Heck vor.

Wollte Boeing einen wirtschaftlichen Airliner mit Zweimann-Cockpit anbieten, musste die maximale Abflugmasse des neuen Musters unter 36,3 Tonnen (80.000 Pound) liegen. Dies war die am 31. März 1949 auf Drängen der amerikanischen Pilotenvereinigung eingeführte Obergrenze, ab der in den USA zugelassene Verkehrsflugzeuge mit einem Dreimann-Cockpit ausgestattet werden mussten. Schwerere Jets sollten zudem von drei Piloten – und nicht zwei Piloten sowie einem Flugingenieur – geflogen werden, da die Pilotenvereinigung ALPA Sicherheitsbedenken geltend machte und, so berichten es Zeitzeugen, damit der konkurrierenden Vereinigung der Flugingenieure Paroli bot.

Dies waren die Rahmenbedingungen, denen sich das 737-Entwicklungsteam um Joe Sutter, Dave Norton und Jack E. Steiner gegenüber sah, als es die Detailarbeiten für den Entwurf des neuen Jet-Musters aufnahm.

Noch unschlüssig, welche Konfiguration der neue Jet einmal haben sollte, drängte die Boeing Marketingabteilung bereits in einer frühen Entwicklungsphase auf einen, im Vergleich zur DC-9 noch kleineren Jet. So sollte einerseits vermieden werden, der größeren 727 hausinterne Konkurrenz zu bereiten, und andererseits Kunden für kleine Jets an Boeing gebunden werden. Erst gemeinsame Studien zwischen Boeing und United Airlines im Sommer des Jahres 1964 gaben einem Kabinenquerschnitt den Vorzug, der in seinen Dimensionen dem Vorderrumpf einer 727 entsprach.

Vom 12. bis 17. Juli des Jahres

HERSTELLER	THE BOEING COMPANY, SEATTLE, WASHINGTON, USA
ERSTFLUG	09.04.1967
GEBAUTE EXEMPLARE	Ca. 14.000 (STAND: JUNI 2017)
SPANNWEITE	28,35 m
LÄNGE	28,65 m
HÖHE	11,28 m
MOTOREN	2 X PRATT & WHITNEY JT8D-7
REISEGESCHWINDIGKEIT	Ca. 900 km/h
REICHWEITE	Ca. 2.120 km
BESATZUNG	2 (COCKPIT)

Lufthansa Boeing 737-130

besuchten 737-Programmleiter Jack Steiner und Joe Sutter die technische Basis der Lufthansa in Hamburg. Obgleich Technikvorstand Gerhard Höltje dem Boeing-Entwurf relativ wohlwollend gegenüberstand, favorisierte die Lufthansa-Zentrale in Köln zu diesem Zeitpunkt noch die Douglas DC-9. Der kleine Boeing-Jet mit den im Heck angeordneten Motoren erinnerte in seinen Grundzügen an den HFB »Hansa Jet«, der zu jener Zeit südlich der Elbe in Hamburg-Finkenwerder gebaut wurde, und am 21. April 1964 zu seinem Erstflug gestartet war. So nutzten Sutter und Steiner die Gelegenheit, um mit den Konstrukteuren sowie den Testpiloten der Hamburger Flugzeugbau GmbH die Vor- und Nachteile eines T-Leitwerks und heckmontierter Triebwerke zu diskutieren. Das HFB-Team präsentierte bereitwillig die im Windkanal ermittelten aerodynamischen Daten des Hansa Jets, die Steiner und Sutter überraschten. Sie hatten nicht damit gerechnet, dass die Gefahr eines »Locked-in Stalls«, das heißt der komplette Kontrollverlust über das Flugzeug bei einem hohen Anstellwinkel, bei einem T-Leitwerk so dramatisch groß ist.

Was passieren konnte, zeigte sich rund ein Jahr später auf tragische Weise im Rahmen der »Hansa Jet«-Flugversuche nahe Madrid. Beim Absturz des HFB320-Prototypen in Folge eines absichtlich, im Rahmen der Zulassungsflüge herbeigeführten »Stalls« kam Cheftestpilot Loren »Swede« Davis trotz aller im Vorwege ergriffenen Vorsichtsmaßnahmen ums Leben.

Endmontage der ersten für Lufthansa bestimmten 737-130 im Werk Renton. Im Hintergrund ist der 737-Prototyp zu erkennen, der sich heute im Museum of Flight in Seattle befindet. (Lufthansa)

Es mutet wie eine Ironie der Geschichte an, dass ausgerechnet die Boeing 737-230 D-ABCE »Landshut« auf den meisten Werbeaufnahmen der Lufthansa aus den 70er-Jahren abgebildet ist – jener Jet, der 1977 von Terroristen nach Mogadischu entführt und an Bord dessen Flugkapitän Jürgen Schumann kaltblütig ermordete wurde. (Lufthansa)

Rechte Seite: Diese Boeing 737-232 »advanced« der Delta Air Lines wurde an die Fluglinie mit Sitz in Atlanta im Oktober 1983 ausgeliefert. Erst nach 24 Jahren trennte sich Delta wieder von ihrer zuverlässigen Boeing, die nur wenig später verschrottet wurde. (Delta)

DELTA
DELTA
N3010L
737

Nach ihrer Rückkehr nach Seattle konzentrierten sich Sutter und Steiner auf zwei mögliche Design-Varianten, die von je zwei Pratt & Whitney JTF-10 Triebwerken angetrieben werden sollten. Das Ziel war unverändert ein kleiner Jet, weit unterhalb der Sitzplatzkapazität der Boeing 727-100 sowie jener der Douglas DC-9. Die Frage war nur, ob ein T-Leitwerk mit im Heck montierten Motoren oder eine Lösung mit in Gondeln unter den Tragflächen angebrachten Triebwerken die beste Variante ist.

Zwei Gruppen unter der Leitung von Erik Lund und Peyton Autry untersuchten nun die beiden Alternativen. Sie hatten zwar beide ihre Büros im 727-Entwicklungszentrum, sollten jedoch so wenig Kontakt wie möglich untereinander haben, um die besten unabhängigen Resultate zu erzielen. Dieser Wettbewerb zog sich über mehrere Monate hin und umfasste zahlreiche Windkanalversuche. Im Vordergrund stand nicht die Wirtschaftlichkeit der beiden Alternativen, die von Jack Steiner als gleichwertig beurteilt wurde, sondern operative Vor- und Nachteile. Noch immer sollte der Jet kleiner sein als die Douglas DC-9, was zu einem Design führte, das auf Grund seines extrem breiten Rumpfes der 727 manchen an eine Hummel erinnerte. Schon bald waren die Boeing-Büros in Seattle mit Hummel-Aufklebern verziert, die das Team als nicht ganz ernst gemeinte Werbekampagne für seinen Entwurf im Werk an die Wände geklebt hatte.

Im Verlauf der 737-Kampagne bekam das Boeing-Team den Eindruck, dass sich die Geschichte wiederholten sollte. Ende der 50er-Jahre mussten sich die Airlines entweder für die Boeing 707, oder die Douglas DC-8, entscheiden. Nun hieß die Wahl, entweder DC-9 in verschiedenen Größen zu bestellen, oder die Boeing 727 und 737 als Gesamtpaket zu ordern.

Am 31. Juli 1964 präsentierte Jack E. Steiner die Ergebnisse vor der Boeing-Geschäftsführung. Dem folgte ein Bericht vor dem Boeing-Verwaltungsrat am 25. August des Jahres. Noch immer stand kein Gewinner des internen Wettbewerbs zwischen der von Peyton Autry untersuchten 737-242 (T-Leitwerk) sowie der von Erik Lund analysierten 737-239 mit Triebwerksgondeln unter den Flächen fest. Beide Varianten konnten aus technischer Sicht gebaut werden, doch wie sollte der künftige Boeing-Jet aussehen?

Schließlich gaben vier grundlegende Argumente den Ausschlag zu Gunsten der bekannten 737-Konfiguration. Zunächst konnte Gewicht gespart werden, indem die Triebwerke unter den Flügeln angeordnet wurden, da ein größeres T-Leitwerk mehr Struktur im Heck erfordert. Dieses eingesparte Gewicht nutzten die Boeing-Ingenieure für die Verwendung der schwereren, doch leistungsstärkeren Pratt & Whitney JT8D-Motoren. Zudem erlaubte das reduzierte Leergewicht die Verwendung des 727-Kabinenquerschnitts, und somit den Transport von mehr Fluggästen in einem Flugzeug identischer Größe.

Der Weg zur homogenen Flugzeugfamilie Boeing 707/720/727/737 war geebnet. Boeing sicherte zu, dass 17 Prozent der Flugzeugstruktur, ganze 64 Prozent der Ausrüstung sowie 76 Prozent der Inneneinrichtung von 727 und 737 identisch sein sollten. Auch das prinzipielle Layout der Flightdecks beider Muster unterschied sich nur marginal – bis auf den dritten Arbeitsplatz des Flugingenieurs an Bord der 727.

Neben Lufthansa arbeitete Boeing beim 737-Entwurf eng mit United Air Lines zusammen. Deren Ingenieure drängten den Hersteller beispielsweise dazu, die Druckkabine bei durchgängiger Stehhöhe so nah wie möglich an das Heck zu verschieben. Diese Maximierung des nutzbaren Kabinenbodens, der den Einbau einer weiteren Reihe von Passagiersitzen erlaubte, war den United-Ingenieuren ein großes Anliegen, dessen Umsetzung sie sich bei diversen Besuchen in Seattle immer wieder bestätigen ließen.

Im Oktober 1964 stand schließlich die Konfiguration der Boeing 737-100 fest, doch fehlte noch immer ein Auftrag – geschweige denn eine Entscheidung seitens der Boeing-Geschäftsführung, dieses Flugzeugmuster überhaupt zu bauen! Die beiden Kernfragen, vor die sich der Boeing-Verwaltungsrat am 2. November 1964 gestellt sah, war möglichen Schaden vom 727-Programm durch einen hausinternen Konkurrenten abzuwenden und die zu erwartenden Kosten des neuen Flugzeugprogramms zu minimieren. Besonders letzterer Punkt bereitete den Boeing-Managern Kopfschmerzen. Und so wurde eine erneute Kalkulation mit möglichst niedrigen Kosten erarbeitet, die hätte stimmen können – oder auch nicht. Derart »schön« gerechnet wurde das Programm der Boeing-Geschäftsleitung am 9. November 1964 vorgestellt, woraufhin das 737-Team die Erlaubnis erhielt, das neue Muster Interessenten im Detail vorzustellen.

Zum Jahresbeginn 1965 versuchte Boeing intensiv die unterschiedlichen Vorstellungen der potentiellen Erstkunden Eastern Air Lines, United Air Lines und Lufthansa in einer finalen 737-Ausführung zu vereinen. Lufthansa entsandte im Januar ein Team nach Renton, um vor Ort über die von Lufthansa gewünschte Konfiguration zu sprechen. Besonders Prof. Ernst Simon, langjähriger Leiter der Hauptabteilung technische Projekte bei Lufthansa, brachte sich auf dieser Reise intensiv in die Detailplanungen ein. Beispielsweise war die hintere bordeigene Fluggasttreppe der 737 ein Entwurf von ihm! Professor Simon erinnert sich: » Boeing hatte einen eigenen Entwurf für eine bordeigene, elektrisch betriebene Treppe vorgelegt, die in meinen Augen zu kompliziert aufgebaut war. Ein wahres technisches Monster! In die hintere, linke Tür eine Treppe zu integrieren, war auf Grund der Rumpfform gar nicht so einfach. Aber meine Idee einer manuell und vor allem leicht zu bedienenden Treppe kam bei Boeing gut an – und genau so wurde sie dann auch in Serie gebaut!«

Wie sich Jack E. Steiner erinnert, fürchtete Simon vor allem, dass Eastern und United auf eine größere Variante der von Lufthansa favorisierten 737-100 bestehen würden. Ganz unbegründet waren diese Befürchtungen nicht, denn United war in der Tat daran gelegen, von Boeing ein Flugzeug zu erhalten, dessen maximale Größe nur von der Leistung der beiden JT8D-Motoren limitiert war. Ein Wunsch, der schließlich in der 737-200 mündete, von der United bis zu 75 Exemplare bestellte.

Zu Beginn des Jahres 1965 verschärfte sich der Ton zwischen den Lufthanseaten und Boeing. Lufthansa-Technikvorstand Gerhard Höltje war über lange Zeit ein starker Verfechter der 737 und verteidigte das Projekt gegen hausinterne sowie politische Befürworter der alternativen BAC 1-11 und Douglas DC-9. Er hatte sich persönlich so stark für die 737 eingesetzt, dass eine weitere Verzögerung oder gar Projekteinstellung seitens Boeing unter Umständen seine Position gekostet – zumindest aber sein Ansehen innerhalb der Lufthansa stark geschwächt hätte. Als am 1. Februar der Boeing-Vorstand in New Orleans zur Entscheidung über den Programmstart zusammentrat, war sich Jack E. Steiner der brisanten Lage bewusst. Eine weitere Verzögerung hätte garantiert den Verlust des sicher geglaubten Lufthansa-Auftrags zur Folge gehabt. Boeing-Präsident Bill Allen soll sich an jenem schicksalsreichen Tag zunächst gegen die Produktion der 737 ausgesprochen haben, doch überzeugten ihn andere Vorstandsmitglieder vom Gegenteil. Am Ende des Tages wurde die 737 offiziell gestartet und der Verkauf an Lufthansa gebilligt.

Kurz darauf, am 19. Februar 1965 ermächtigte der Lufthansa-Aufsichtsrat den Vorstand zum Kauf von 21 Boeing 737-130 sowie fünf weiteren Boeing 727-030. Dem noch am gleichen Tag unterschriebenen »letter agreement« folgte am 15. März 1965 die offizielle Vertragsunterzeichnung zwischen Boeing und Lufthansa. Die Boeing 737, das meistverkaufte Verkehrsflugzeug aller Zeiten, war auf Drängen der Lufthanseaten geboren!

Im Jahr 1965 startete Lufthansa unter ihren Mitarbeitern eine interne Namenssuche für eine griffige Bezeichnung ihrer bestellten 737-Flotte. Gewonnen hatte zunächst der Name »Olympia Jet«, der jedoch per Vorstandsbeschluss vom 28. März 1967 zu Gunsten des bis heute gebräuchlichen »City Jet« gekippt wurde.

Am 9. April 1967 startete die erste Boeing 737-100 zu ihrem Jungfernflug auf dem Boeing-Werksflugplatz Renton, der bereits am 8. August des Jahres die erste 737-200 folgte. Nach Abschluss des achtmonatigen Flugversuchsprogramms, an dem sechs Flugzeuge beteiligt waren, die rund 14.000 Stunden in der Luft verbrachten, erhielten beide 737-Versionen am 15. Dezember 1967 die US-amerikanische Musterzulassung. Der 27. Dezember 1967 war nicht nur für Lufthansa-Technikvorstand Gerhard Höltje ein großer Tag, als Boeing die erste 737 offiziell im Werk Renton an die deutsche Fluglinie übergab. Nach Besatzungsschulungen in Seattle und Tucson, Arizona, feierte Lufthansa am 10. Februar 1968 die Weltpremiere des ersten Linienfluges einer Boeing 737.

Der Rest ist Geschichte – und im Falle der Boeing 737 würde es den Umfang dieses Buches sprengen, die zahlreichen Versionen und Verkaufsrekorde aufzuzählen. Geschichte ist auch, dass United Airlines und Western Airlines ihre Boeing 737-200 in den Anfangsjahren auf Forderung der amerikanischen Piloten-Gewerkschaft mit drei Piloten fliegen mussten, da das maximale Abfluggewicht die eingangs erwähnten 36,3 Tonnen überschritt. Zum Glück hat die Luftfahrt nicht nur an Bord der Flugzeuge, sondern auch im Denken und Handeln der beteiligten Personen, über die Jahrzehnte gewisse Fortschritte gemacht!

Die Fokker-Endmontagelinie in Amsterdam mit zwei für Linjeflyg bestimmten F-28 Mk.4000. Beide Maschinen wurden im Dezember 1982 und Januar 1983 nach Schweden geliefert. (Fokker)

PAN-EUROPÄISCHE KOOPERATION

FOKKER F-28 »FELLOWSHIP«

Von dem Erfolg des Fokker F.27 Turboprops ermutigt, machte sich der niederländische Flugzeughersteller Fokker im Jahr 1962 an die Entwicklung eines die F.27 ergänzenden Regionaljets. Er sollte in seiner Basisversion maximal 50 Fluggäste über eine Entfernung von 1.600 km befördern können. Die Wahl des Antriebs fiel nach einer eingehenden Untersuchung von alternativen Gasturbinen auf den britischen Hersteller Rolls-Royce und dessen R.B.183 »Spey Junior« Triebwerk. Diese einfacher konstruierte und gedrosselte Version des Erfolgsmotors, der bereits bei der BAC 1-11 und H.S. 121 »Trident« zum Einbau gelangte, verlieh der F-28 eine wirtschaftliche Reisegeschwindigkeit von 830 km/h.

Die Produktion des Regionaljets startete noch ohne einen einzigen Kunden im Juli 1964. Neben der niederländischen Regierung beteiligten sich unter anderem die deutschen Flugzeughersteller Hamburger Flugzeugbau GmbH (HFB) und Vereinigte Flugtechnische Werke (VFW) in Bremen an dem Projekt. Analog zum späteren Airbus-Programm wurden diverse Bauteile der F-28 in europäischer Kooperation entwickelt und hergestellt. So fertige Fokker das vordere Rumpfsegment, während HFB den hinteren Rumpf bis zum Druckschott sowie die Triebwerksgondeln konstruierte und produzierte. Zudem gehörte es zu den Aufgaben von HFB, die F-28 in Deutschland zu vermarkten. Das gesamte Heck und Teile des Rumpfes wiederum konstruierte und baute VFW in Bremen. Neben Fokker, HFB und VFW beteiligte sich der nordirische Flugzeughersteller Short Brothers & Harland über die Entwicklung und Produktion von Flügelteilen am pan-europäischen F-28-Projekt. Alle drei europäischen Flugzeughersteller waren nicht nur Lieferanten, sondern auch als Risikopartner am wirtschaftlichen Erfolg- oder Misserfolg der F-28 direkt beteiligt.

HERSTELLER	FOKKER BV, AMSTERDAM, NIEDERLANDE
ERSTFLUG	09.05.1967
GEBAUTE EXEMPLARE	241
SPANNWEITE	25,07 m
LÄNGE	27,04 m
HÖHE	8,47 m
MOTOREN	2 X ROLLS ROYCE »SPEY« 183-2
REISEGESCHWINDIGKEIT	Ca. 800 km/h
REICHWEITE	Ca. 2.600 km
BESATZUNG	2 (COCKPIT)

LTU F-28 Mk.1000-Version

Als erste Fluggesellschaft erteilte die Düsseldorfer LTU im November 1965 einen Auftrag über vier Exemplare. Dieser guten Nachricht folgte der erfolgreiche Erstflug des ersten von drei Prototypen am 9. Mai 1967. Erstkundin LTU übernahm ihre erste, für Charter-Routen in die Warmwasserregionen Europas bestimmte F.28 Mk.1000 am 17. Februar 1969.

LINJEFLYG
SE-DGS

Erfolgreichste Variante war die gestreckte F-28 Mk.4000, die in einer reinen Economy-Ausführung maximal 85 Passagiere befördern konnte. Größte europäische Kundin für diese Version war die schwedische Inlands-Fluggesellschaft Linjeflyg, die zeitweilig 23 Exemplare einsetzte.

Noch heute befinden sich F-28 »Fellowship« in den weiter entwickelten Varianten F-70 und F-100 rund um den Globus im täglichen Liniendienst. Darunter bei der holländischen KLM Cityhopper. Wer zum Zeitpunkt der Produktion dieses Buches Glück hatte, konnte sogar vom niederländischen König Willem-Alexander persönlich an seinen Zielort geflogen werden. Er besaß im Sommer 2017 eine Fluglizenz für das Muster F-70, und tauschte regelmäßig seinen Thron mit dem Copiloten-Sitz einer KLM Cityhopper-Maschine ein.

Linke Seite: Die schwedische Fluglinie Linjeflyg unterhielt ausschließlich Flugverbindungen innerhalb Schwedens. Vergleichbar mit der französischen Air Inter führten die meisten Routen von der Hauptstadt aus in die Provinz. Erst nach der Übernahme von Linjeflyg durch SAS im Januar 1993 kamen die Fokker F-28 auch auf europäischen Routen zum Einsatz. (Linjeflyg)

Auch die in der US-amerikanischen Großstadt Philadelphia ansässige Altair sowie die holländische NLM CityHopper zählten zu den Kunden der Fokker F-28 Mk.4000. (Fokker)

In Passagierkilometern gemessen erbrachten die Tu-154 der Aeroflot in den 90er-Jahren die größte Produktionsleistung aller Verkehrsflugzeugmuster. (Aeroflot)

REKORDHALTERIN

TUPLOLEW TU-154

Die Entstehung der Tupolew Tu-154 wäre beinahe im Überschallrausch der späten 60er-Jahre untergegangen. Denn nur wenige Monate nach dem erfolgreichen Erstflug der Tu-154 am 3. Oktober 1968 gingen mit den beiden »Super Sonic« Jets Tu-144 und »Concorde« jene Flugzeugmuster an den Start, die damals die Fachwelt und Öffentlichkeit elektrisierten.

Die dreistrahlige Tupolew hingegen war ein klassisches, aber dafür umso erfolgreicheres Design, das zum Standardflugzeug der Fluglinien des Ostblocks bis in die 90er-Jahre hinein avancierte. Den Anfang machte Aeroflot mit dem ersten Linienflug am 9. Februar 1972 auf der Route Moskau–Mineralnye Vody.

Der Tu-154A Version mit einem maximalen Startgewicht von 94 Tonnen folgte am Ende des Jahres 1975 eine verbesserte Variante mit einem um vier Tonnen gesteigerten Maximalgewicht. Zunächst mit durstigen Kuznetsov NK-8-Triebwerken ausgerüstet, wurden diese bei der Tu 154M-Version durch wirtschaftlichere und leisere Solowjew D-30KU ersetzt, die auch in der Iljuschin IL-62 zum Einbau gelangten. Von der IL-62 übernahm das Tupolew-Entwicklungsteam mit dem neuen Motor auch die angepassten Triebwerksgondeln und Schubumkehrer. Diese modernste Version der Tu-154 verfügt zudem über eine geänderte Tragflächen-Geometrie und neue Landeklappen, die einen wirtschaftlicheren Flugbetrieb ermöglichen. Die erste Serienmaschine ging am 16. Juli 1984 in Betrieb und war vor allem bei internationalen Kunden sehr beliebt.

Gemessen an den geflogenen Passagierkilometern hielt die Tu-154 in den 90er-Jahren den absoluten Weltrekord. Dieser Flugzeugtyp produzierte in jenem Jahrzehnt nicht nur die Hälfte der von Aeroflot geflogenen Passagierkilometer, sondern übertrumpfte alleine das gesamte Angebot jeder einzelnen US-amerikanischen Fluggesellschaft! Neben Aeroflot flogen die robusten und zuverlässigen Tu-154 bei fast allen Airlines des damaligen Ostblocks. Darunter die ungarische Malev, die bulgarische Balkan Bulgarian Airlines, LOT Polish Airlines und die rumänische Tarom. Weitere Maschinen wurden nach China und andere, mit der Sowjetunion und Russland befreundete Staaten verkauft.

HERSTELLER	TUPOLEW, MOSKAU, UDSSR
ERSTFLUG	03.10.1968
GEBAUTE EXEMPLARE	1.096
SPANNWEITE	37,60 m
LÄNGE	47,90 m
HÖHE	11,40 m
MOTOREN	3 X SOLOWJEW D-30KU
REISEGESCHWINDIGKEIT	Ca. 950 km/h
REICHWEITE	Ca. 4.000 km
BESATZUNG	3 (COCKPIT)

Die beiden vorläufig letzten gebauten Exemplare verließen erst im Jahr 2013 das Flugzeugwerk in Samara. Allerdings waren dies erst die zweite und dritte Tu-154, die nach dem Auslaufen der Hauptproduktion dieses Musters im Jahr 2006 angefertigt wurden. Im Jahr 2009 hatte sich Aeroflot von ihren letzten Tu-154M getrennt, und diese vor allem mit moderneren Airbus A320 abgelöst. Unterschiedliche Informationen findet man zur Zahl der produzierten Tu-154. Die genannten 1.096 Maschinen beziehen sich auf die offiziellen Angaben des Herstellers. Bis heute stehen zahlreiche Tu-154 bei Fluglinien sowie als Regierungsflugzeuge in Ländern des ehemaligen Ostblocks im Einsatz.

Oben: Im Rahmen der deutschen Wiedervereinigung übernahm die Flugbereitschaft der Luftwaffe zwei Tu-154M der Nationalen Volksarmee der DDR. Die abgebildete Maschine mit dem taktischen Kennzeichen 11+02 kam zunächst auf Regierungsflügen und ab 1993 als Aufklärungsflugzeug im Rahmen des »Open Sky« Abkommens der Konferenz über Sicherheit und Zusammenarbeit in Europa (KSZE) zum Einsatz. Dafür wurde sie mit optischen Kameras sowie elektronischen Sensoren ausgerüstet.
Die Tu-154M ging beim Zusammenstoß mit einer Lockheed C-141 »Starlifter« der U.S. Air Force am 13. September 1997 vor der Küste Namibias verloren. Dabei kamen in beiden Flugzeugen 33 Menschen ums Leben. Die verbliebene Maschine (11+01) wurde danach vorübergehend stillgelegt und dann 1999 aus Rentabilitätsgründen außer Dienst gestellt. (Bundeswehr / Detmar Modes)

Unten: Das imposante T-Leitwerk verlieh der dreistrahligen Tu-154 ein unverwechselbares Aussehen.

Rechte Seite: Eine Aeroflot Tu-154 auf dem Flughafen der armenischen Hauptstadt Jerewan. (Aeroflot)

ЕРЕВАН
ЕРЕВАН
СССР-85192
АЭРОФЛОТ
85192

Der 747-Prototyp trägt 1969 die Signets der Erstkunden des »Jumbo Jets«. (Boeing)

DER »JUMBO JET«

BOEING 747

Die Geschichte der Boeing 747 begann im August des Jahres 1965 mit einem Anruf von Dick Rouzie bei Boeing-Ingenieur Joe Sutter. Dieser machte gerade in seinem Ferienhaus am idyllischen Hood Canal unweit Seattles Urlaub, als sein Nachbar plötzlich vor ihm stand und unwirsch verkündete: »Hey Sutter. Sie rufen Dich auf meinem Telefon an«.

Das Ferienhaus der Sutter-Familie verfügte über kein eigenes Telefon, und so hatte er seinem Büro aufgetragen, ihn nur in Notfällen mit Hilfe des Nachbarn in seiner Sommerfrische zu stören. Dick Rouzie, damals Director of Engineering der Boeing Transport Division, betrachtete seine Nachricht als solchen Fall – wenn auch in positiver Hinsicht. Bot er doch Joe Sutter an jenem Tag die Projektleitung für einen neuen Boeing-Jet an, der alle bislang im zivilen Flugzeugbau bekannten Dimensionen sprengen sollte. Dies war die Geburtsstunde des »Jumbo Jets«!

Joe Sutter war zu jenem Zeitpunkt als leitender Ingenieur an der Entwicklung der Boeing 737 beteiligt, die nur wenige Monate zuvor mit Bestellungen von Lufthansa und United Air Lines offiziell an den Start gegangen war. Nach dem kleinsten Spross der Boeing-Jetfamilie sollte Sutter nun mit der 747 nicht nur das größte Muster, sondern auch die bei weitem größte Herausforderung seiner beruflichen Karriere übertragen bekommen.

Wie bereits bei zahlreichen Boeing-Jets zuvor, war Pan American World Airways (PAA) die treibende Kraft hinter der Entwicklung des künftigen Megaliners. Die Bestellungen des PAA-Gründers und Präsidenten Juan T. Trippe hatten bereits entscheidenden Einfluss auf den Erfolg des Boeing-Flugbootes 314, des luxuriösen 377 »Stratocruiser« sowie der vierstrahligen Boeing 707. Nun forderte Trippe das Boeing-Management erneut heraus, in dem er die Bestellung von 25 jener »Jumbo Jets« in Aussicht stellte, falls ihm der Hersteller deren Bau garantieren sollte.

Als Sutter mit den Detailuntersuchungen begann, war Boeing parallel mit zwei prestigeträchtigen Studien beschäftigt. So beteiligte sich das Unternehmen an der Ausschreibung der U.S. Air

HERSTELLER	THE BOEING COMPANY, SEATTLE, WASHINGTON, USA
ERSTFLUG	09.02.1969
GEBAUTE EXEMPLARE	Ca. 1.600 (STAND: JUNI 2017)
SPANNWEITE	59,60 m
LÄNGE	70,66 m
HÖHE	19,30 m
MOTOREN	4 X PRATT & WHITNEY JT9D-7W
REISEGESCHWINDIGKEIT	Ca. 905 km/h
REICHWEITE	Ca. 9.120 km
BESATZUNG	3 (COCKPIT)

Swissair 747-257B-Version

Force, für ein C-5 genanntes Transportflugzeug mit einer damals unvorstellbaren Nutzlast von mehr als 100 Tonnen. Zudem war Boeing mit der Entwicklung des 2707-Überschalljets in Konkurrenz zur britisch-französischen »Concorde« beschäftigt. Die 2707 war mit komplexen Schwenkflügeln konzipiert, um in allen Geschwindigkeitsbereichen den optimalen Auftrieb zu gewährleisten, und sollte bis zu 300 Passagiere mit Mach 2,7 transportieren können. Beide Projekte genossen zunächst firmenintern eine höhere Priorität als die noch zaghaften Anfänge des 747-Designs. So musste sich Sutter mit anfangs 20 Mitarbeitern begnügen – im Vergleich zu 500, die an der C-5 Ausschreibung mitwirkten. Als besondere Auszeichnung galt es unter den Boeing-Ingenieuren zudem, in das 2707-Team berufen zu werden. Dem Überschall-Luftverkehr wurde noch Mitte der 60er-Jahre eine große Zukunft vorhergesagt, und der gigantische 747-Jet galt vielen Insidern eher als zeitlich befristete Zwischenlösung, denn Königsweg des Luftverkehrs.

Als die Pan American und Boeing-Präsidenten Trippe und Allen am 22. Dezember 1965 eine Absichtserklärung über 25 Boeing 747 unterzeichneten, hatten sich die internen Gewichtungen bereits seit dem Verlust des sicher geglaubten C-5 Projektes an Lockheed zu Gunsten der 747 verschoben. Zu jenem Zeitpunkt gab es von dem geplanten »Jumbo Jet« weder ein festgelegtes Design noch einen verfügbaren Antrieb. Beide Projekte, Flugzeugmuster und Triebwerk, wurden parallel gestartet. Dies war eine Premiere in der Zivilluftfahrt, denn normalerweise ist die Entwicklung des Antriebs jener des Flugzeugmusters um Jahre voraus. Als sich Boeing für das Pratt & Whitney JT9D entschied, existierte dieser Motor daher lediglich auf dem Papier der Pratt & Whitney-Konstrukteure.

»2,5« galt als magische Formel im Verlauf der 747-Entwicklung. Im Vergleich zum Vorgängermodell Boeing 707 sollte der »Jumbo« das Zweieinhalbfache an Passagieren befördern können. Dafür entwickelte Pratt & Whitney einen Antrieb, der den 2,5fachen Schub des bis dato leistungsfähigsten zivilen Jet-Motors lieferte.

Obgleich die Boeing 747 auf einem weißen Blatt Papier entstand und über keine konstruktiven Prallelen zum vorgeschlagenen C-5 Entwurf verfügt, profitierte das Projekt von den Vorarbeiten der Triebwerkshersteller für den später als Lockheed C-5 »Galaxy« bekannt gewordenen U.S. Air Force Transporter.

So gigantisch wie das neue Flugzeug selbst war die erforderliche Infrastruktur, um es zu produzieren. Niemals zuvor in der US-amerikanischen Luftfahrtgeschichte war ein so großes Einzelprojekt von einem Unternehmen ohne staatliche Zuschüsse finanziert worden. Neue Maßstäbe setzte die 747 auch hinsichtlich der großen Zahl an Zulieferern, dem Umfang des behördlich geforderten Zulassungsprogramms und nicht zuletzt der Größe der Produktionsstätte. Zu diesem Zweck erwarb Boeing ein 316 Hektar großes Waldgrundstück in Everett nördlich von Seattle, das sich binnen weniger Monate in die »Wiege des Jumbo Jets« verwandelte. Boeing Vice President Malcolm Stamper wurde die Aufgabe übertragen, die 747-Produktion in Everett zu organisieren, und die Pan Am ab 1969 zugesagten Liefertermine einzuhalten. In Anerkennung dieser wahrlichen Herkules-Aufgabe sprach man Boeing intern von ihm und seinem Team als »Den Unglaublichen«.

Nach festen Bestellungen von Pan Am über 25 Maschinen sowie Aufträgen von Lufthansa, Japan Air Lines und British Overseas Airways Corporation (BOAC) wagte der Boeing-Vorstand am 25. Juli 1966 den offiziellen Programmstart – und nur ein Jahr später begannen in der Endmontagelinie in Everett, dem volumenmäßig größten Gebäude der Welt, die ersten Produktionsarbeiten.

Wie die meisten Flugzeugprojekte, so wurde auch die 747 nicht von Entwicklungsproblemen verschont. Nachdem das endgültige Flugzeugdesign feststand, musste es im Jahr 1967 wieder »abspecken«, damit Boeing die zugesagten Spezifikationen einhalten konnte. Die gesamte Struktur wurde Zentimeter für Zentimeter nach Einsparpotentialen untersucht, Strukturanteile reduziert oder durch leichtere Materialien ersetzt.

Entscheidend für den späteren Erfolg waren nicht zuletzt die Flugeigenschaften der 747, die anhand von Großmodellen in insgesamt 13.000 Windkanal-Stunden ermittelt wurden. Als Konsequenz aus den dabei gewonnenen Erkenntnissen veränderte Boeing die Positionierung der Triebwerke, die weiter nach außen verlegt wurden, änderte die Triebwerksaufhängungen und Landeklappen, plante neue Fahrwerke und änderte die Höhen- und Seitenruder sowie das

Lufthansa war nicht nur Erstkunde der 747-200F Frachtversion, sondern treibende Kraft hinter der Entwicklung der 747-400 sowie der aktuellen 747-8I. (Lufthansa)

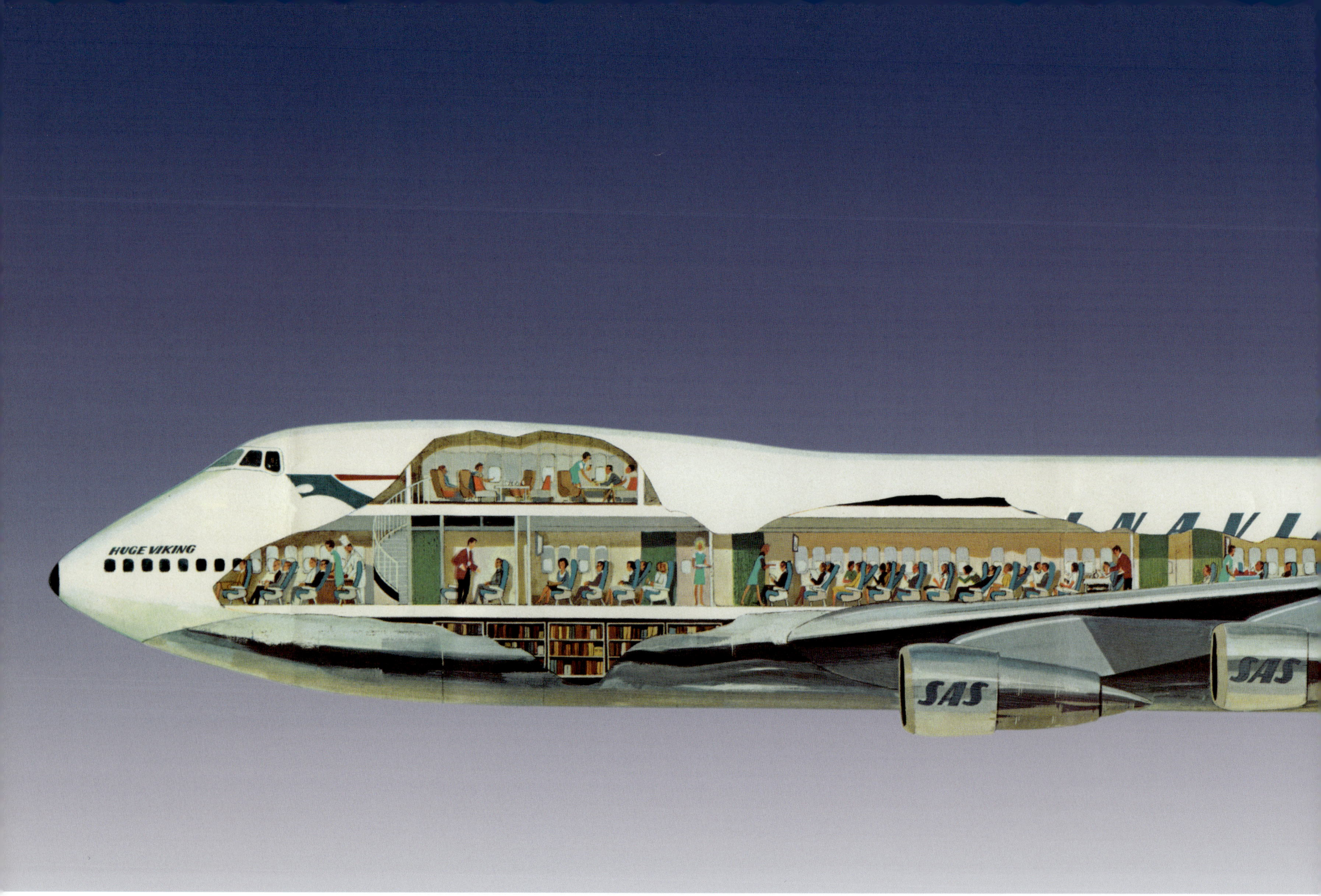

Diese Schnittzeichnung zeigt die Aufteilung der Kabine einer SAS Boeing 747-200B zu Beginn der 70er-Jahre. (SAS)

747-B
SAS
N

In den frühen 70er Jahren waren die Economy-Class Kabinen der meisten 747-Kunden mit nur neun Sitzen in einer Reihe und einem sehr großzügigen Sitzabstand ausgestattet. (SAS)

EXIT
LIFE

Heckdesign, um den Luftwiderstand zu minimieren.

Parallel zum Aufbau des eigenen Produktionsteams beauftragte Boeing 1.500 direkte Zulieferer, die ihrerseits von 15.000 Sublieferanten Teile für die 747-Fertigung erhielten. Prozentual entfielen 65 Prozent des Leergewichts der ursprünglichen 747 sowie fünfzig Prozent des Flugzeugwertes auf externe Firmen. Noch eine beeindruckende Zahl: das 747-Programm erforderte die Konzeption und Herstellung von 270.000 speziell für den »Jumbo Jet« maßgeschneiderten Werkzeugen!

Die Endmontage in Everett startete im September 1967 mit dem Eintreffen der ersten, im Boeing-Werk Wichita vorgefertigten Bugsektion. Als nächster Meilenstein konnte im März 1968 der erste Flügel aus der Montagehalterung gelöst werden. Das Flugzeug ging zwar unaufhaltsam seiner Vollendung entgegen, doch war zu jenem Zeitpunkt noch kein einziges Pratt & Whitney JT9D-Triebwerk auf dem Prüfstand gelaufen! Erst im Juni 1968 konnte erstmals ein JT9D-Motor in seinem künftigen Element getestet werden. Nicht an einer 747, sondern unter dem Flügel eines Boeing B-52 Experimentalflugzeugs montiert.

So präsentierte Boeing seinen neuen Stolz der Weltöffentlichkeit beim feierlichen »Roll-Out« am 30. September 1968 noch ohne funktionsfähigen Antrieb. Im Januar 1969 wurden erstmals die Flugzeugsysteme des Prototypen mit der treffenden Zulassung N7470 aktiviert und das Fahrwerk sowie die Ruder und Klappen auf ihre Funktion hin getestet. Am 9. Februar zeigte sich Boeing-Testpilot Jack Waddell soweit mit dem technischen Zustand der »City of Everett« zufrieden, dass er entschied, dass der Tag des Erstfluges gekommen war. Direkt nach der Landung, noch am Fuße der Flugzeugtreppe zu seinen ersten Eindrücken befragt, äußerte sich ein überschwänglicher Waddell mit den Worten: »Das Flugzeug fliegt sich wie ein Pilotentraum«.

Obgleich die US-Luftfahrtbehörde FAA der Boeing 747 am 31. Dezember 1969 ihre Musterzulassung erteilte, verlief deren Airline-Einsatz zunächst alles andere als reibungslos. Erstkundin Pan Am bekam die Launen der neuen JT9D-Triebwerke bereits beim geplanten kommerziellen Erstflug, vom New York JFK Airport nach London Heathrow am Abend des 21. Januar 1970 zu spüren. Noch vor Erreichen der Startbahn musste ein defekter Motor abgeschaltet werden. Zum Glück hatte Pan Am Boeing davon überzeugen können, eine Ersatzmaschine für dieses prestigeträchtige Ereignis bereit zu stellen. Diese wurde binnen weniger Minuten im Pan Am-Hangar heimlich mit dem Taufnamen »Clipper Young America« der defekten 747 versehen und erreichte London zwar spät, dafür ohne weitere Komplikationen.

Diese Episode hätte als Anekdote in die Geschichtsbücher eingehen können, doch folgte ihr eine beispiellose Pannenserie, die das Flugzeug selbst, sowie seine JT9D-Triebwerke in Verruf brachte. Von Januar 1970 bis April 1971 meldete allein Pan Am 431 Triebwerksausfälle auf Linienflügen der 25 ausgelieferten Maschinen. In fünf Fällen fielen gleich mehrere Motoren aus, und 25 Triebwerke gerieten während des Fluges in Brand. Im Juni 1970 erreichte die Zuverlässigkeitsrate mit durchschnittlich 5,5 Triebwerksabschaltungen je 1.000 Flugstunden ihren absoluten Tiefpunkt. Pan Am war als Erstkundin besonders hart von diesen technischen Problemen betroffen – aber bei weitem nicht die einzige Airline. Andere bedeutsame 747-Kunden der ersten Stunde, wie BOAC, Lufthansa, TWA und Japan Air Lines sahen sich vor die identischen Herausforderungen gestellt.

Die Ereignisse der frühen 70er-Jahre kratzten erheblich am Image von Boeing, seiner 747 sowie an jenem der »Jumbo Jet«-Kunden, denn nicht selten war die Sicherheit von Besatzungen und Passagieren gefährdet. Dass es zu keinem ernsteren Zwischenfall oder gar Unfall in Folge dieser technischen Mängel kam, war nicht zuletzt dem hervorragend ausgebildeten technischen Personal und den Crews der betroffenen Fluglinien zu verdanken.

Lufthansa-Technikvorstand Reinhardt Abraham beschrieb die Situation aus Kundensicht, anlässlich der Auslieferung des 100. Boeing Jets an Lufthansa am 16. Februar 1973 so: »99 Boeing-Flugzeuge sind für uns und unsere Tochter Condor bisher auf unserem Streckennetz, das mittlerweile das viertgrößte der Welt darstellt, geflogen, und von diesen 99 Flugzeugen haben uns zumindest 96 zu keinem Zeitpunkt enttäuscht. Was die rechtlichen drei betrifft, und das sind natürlich die ersten Jumbos des Qualitätsjahrganges 1970, sind wir an diesem Tag fast geneigt, zu vergeben und vergessen. Aber ich möchte doch nicht verleugnen, dass uns die Indienststellung der B747 große technische und wirtschaftliche Probleme beschert hat.«

Zwei Boeing 747-300 der Swissair auf dem Flughafen Zürich-Kloten. Die einstige schweizerische Fluglinie hatte mit ihren Spezifikationen die Grundlage für die Boeing 747-300 gelegt. Zwei der fünf georderten Maschinen waren als Kombiversion mit einer seitlichen Frachttür auf dem Hauptdeck ausgelegt. Während in der vorderen Kabine und in dem verlängerten Oberdeck Passagiere saßen, konnten großvolumige Frachtpaletten in dem dahinter liegenden Cargo Compartment transportiert werden. (Swissair)

Die 747-Produktion blieb von diesen »Kinderkrankheiten« unberührt. Die Auftragsbücher füllten sich weiter, und am Ende des Jahres 1970 hatte Boeing bereits 96 Maschinen an seine Kunden ausgeliefert. Auf die Basisversion 747-100 folgte die verbesserte 747-200B mit einem auf 377 Tonnen erhöhten maximalen Startgewicht. Schnell zeigte sich, dass Joe Sutter und sein Team ihrem »Jumbo Jet« soviel Entwicklungspotential verliehen hatten, dass daraus eine ganze 747-Flugzeugfamilie entstehen konnte. Gleich, ob als von Lufthansa initiiertem 747-200F Frachter, in der kurzen 747SP-Variante mit extrem großer Reichweite, als ebenfalls von Lufthansa angeschobener 747-400 mit Glascockpit und verlängertem Oberdeck, als »Air Force One« des U.S. Präsidenten oder als aktuelle 747-8 »Intercontinental« mit weiter entwickelten Tragflächen, äußerst sparsamen Motoren und gestrecktem Rumpf – der unverwechselbare »Jumbo« ist aus der Luftfahrt nicht mehr wegzudenken.

Nicht nur die Boeing 747-100, sondern auch die 747SP entstand auf Wunsch des Pan Am-Managements. Letztere zeichnete sich durch eine besonders große Reichweite bei voller Nutzlast aus.

Rechte Seite: Pan Am ist die Entwicklung des legendären »Jumbo Jets « zu verdanken. (NARA)

PAN AM
N747PA
PAN AM

Ein Flug an Bord einer Boeing 747 ist immer etwas Besonderes. (SAS)

SUPERSONIC

In den 90er-Jahren kam die Tu-144LL als gemeinsames fliegendes Forschungslabor Russlands und der USA zum Einsatz. (NASA)

Die Tupolew Tu-144 hatte um wenige Wochen das Rennen um den Erstflug eines Überschall-Verkehrsflugzeugs gewonnen. Im Gegensatz zur anfangs unterlegenen »Concorde« gelang es Aeroflot und Tupolew jedoch nie einen nachhaltigen kommerziellen Flugbetrieb mit dem sowjetischen Supersonic-Jet aufzubauen. (NASA)

DER SOWJETISCHE TRAUM VOM ÜBERSCHALL-LUFTVERKEHR

TUPOLEW TU-144

Im Juni 1965 präsentierten die Tupolew-Flugzeugwerke auf der Pariser Luftfahrtmesse in Le Bourget das erste Modell ihres neuen Überschall-Düsenverkehrsflugzeugs. Die Tu-144 war etwas größer als ihr westliches Pendant – die zeitgleich konzipierte BAC / SUD »Concorde« – unterschied sich aber äußerlich vor allem durch die im Fachjargon »Canards« genannten Miniflügel hinter dem Cockpit. Sie verbesserten die Manövrierbarkeit des Flugzeugs bei langsamen Geschwindigkeiten nach dem Start und vor der Landung und waren während des Reisefluges eng an den Rumpf angelegt.

Der Tu-144 Prototyp hob erstmals am 31. Dezember 1968 vom Tupolew-Werksflugplatz Zhukovsky vor den Toren Moskaus ab. Damit waren die Russen ihren britisch/französischen Wettbewerbern im prestigeträchtigen Wettlauf um den Start des ersten »Supersonic«-Jets der Welt um rund zwei Monate zuvor gekommen. Das galt auch für die erste Linienverbindung eines Überschalljets, die Aeroflot mit einer Tu-144 am 26. Dezember 1975 eröffnete. Auf diesem Erstflug wurden jedoch keine Passagiere sondern sicherheitshalber nur Luftfracht befördert! Erst zwei Jahre später, am 1. November 1977, wagte es Aeroflot, die ersten Fluggäste per Überschall in das kasachische Alma-Ata zu fliegen. Nach nur 102 Flügen über einen Zeitraum von nur sieben Monaten endete dieses Kapitel der Sowjetluftfahrt mit dem letzten Passagierdienst am 1. Juni 1978. Das Unfallrisiko auf Grund der unausgereiften Tu-144-Systeme schien den Verantwortlichen einfach zu groß.

Die Geschichte der Tu-144 ist denn auch von zwei Tragödien überschattet. Es begann mit dem Absturz des CCCP-77102 registrierten Prototypen vor den Augen des internationalen Fachpublikums und der Weltpresse am 3. Juni 1973. Während einer Flugvorführung auf der Pariser Luftfahrtmesse in Le Bourget ging die Testflugbesatzung in einen ungeplanten Sturzflug über. Beim Abfangen zerbrach das Flugzeug in mehrere Teile, wobei nicht nur die sechsköpfige Besatzung, sondern auch acht Bewohner des Dorfes Goussainville am Boden ihr Leben verloren. Bis heute geben sich offizielle französische

HERSTELLER	TUPOLEW, MOSKAU, UDSSR
ERSTFLUG	31.12.1968
GEBAUTE EXEMPLARE	17
SPANNWEITE	28,80 m
LÄNGE	65,70 m
HÖHE	12,55 m
MOTOREN	4 X KOLESOV RD-36-51A TURBOJET
REISEGESCHWINDIGKEIT	Max. 2.120 km/h (MACH 2)
REICHWEITE	Ca. 6.200 km
BESATZUNG	3-4 (COCKPIT)

Tu-144D

Diese Tu-144D mit dem Kennzeichen CCCP-77115 wird von der russischen Testpilotenvereinigung auf dem Tupolew Werksflugplatz Zhukowsky bei Moskau für die Nachwelt bewahrt. (David Gorri Gil)

und russische Stellen gegenseitig die Schuld an diesem Unfall, der, je nach Sichtweise, einer französischen Mirage, die den russischen Jet bedrängte, oder dem Leichtsinn der Tu-144 Besatzung geschuldet sein soll.

Die zweite Tragödie betraf am 23. Mai 1978 die CCCP-77111 zugelassene Tu-144D Serienmaschine. Während eines Testfluges ergossen sich acht Tonnen Flugtreibstoff in die Flügel, was zum Ausfall von drei Triebwerken führte. Bei der folgenden Notlandung auf offenem Feld und dem dadurch verursachten Feuer starben zwei der acht Besatzungsmitglieder.

Eine Renaissance erfuhr die Tu-144, als die amerikanische Weltraumbehörde NASA ein Exemplar zusammen mit Tupolew als Versuchsmaschine umbaute und zwischen 1996 und 1999 auf diversen Forschungsflügen einsetzte. Die Triebwerke der Tu-144D Serienmaschine mit dem Kennzeichen RA-77114 wurden für diese Testreihe mit wesentlich zuverlässigeren Kuznetsov NK-321 Triebwerken des Tu-160 Bombers getauscht. Zwischen dem Erstflug am 29. November 1996 und ihrem letzten Einsatz in 1999 startete das jetzt Tu-144LL genannte Muster von seiner Heimatbasis Moskau-Zhukovsky aus zu insgesamt 27 Flügen.

Von den 17 gebauten Tu-144 sind bis dato vier Maschinen in russischen Luftfahrtmuseen und zwei Exemplare auf dem Tupolew-Werksflugplatz erhalten geblieben. Und selbst in Deutschland kann eine Tu-144 im Auto & Technik Museum in Sinsheim besichtigt werden.

Start der Tu-144LL in Moskau zu einem Forschungsflug in russisch-amerikanischer Kooperation. (NASA)

Die »Concorde« wird für absehbare Zeit das einzige, erfolgreich im Liniendienst eingesetzte Überschallverkehrsflugzeug bleiben.

MYTHOS »CONCORDE«

BAC / SUD »CONCORDE«

Keine 100 Jahre liegen zwischen der Erforschung der »Fliegekunst« durch den deutschen Flugpionier Otto Lilienthal und dem Erstflug der »Concorde«. In dieser Zeitspanne lernte die Menschheit nicht nur, welche physikalischen Gesetze ein Flugzeug am Himmel halten. In atemberaubender Geschwindigkeit wurden zudem immer bessere Flugapparate, und ab 1903 Flugmotoren entwickelt, die ihre Piloten schon bald mit bis zu dreifacher Schallgeschwindigkeit durch die Luft katapultierten. Eines darf man dabei nicht vergessen – den damaligen Konstrukteuren in der Vor-Computer Ära standen meist nur Rechenschieber für die Berechnung der Konstruktionsdetails eines Verkehrsflugzeugs zur Verfügung, das auf tausenden, handgemachten Konstruktionszeichnungen langsam Formen annahm!

Man möchte meinen, dass mit dem Erstflug der Concorde am 2. März 1969 die Innovationskraft im zivilen Flugzeugbau ihren vorläufigen Höhepunkt erreicht hat. Es war alles entwickelt und gebaut, was sich Ingenieure nur wenige Jahre zuvor selbst in ihren kühnsten Träumen nicht vorzustellten wagten.

Nichts schien den technologischen Fortschritt in den 60er-Jahren aufhalten zu können, als der britische Luftfahrtminister Julian Amery sowie der französische Botschafter in Großbritannien, Geoffroy de Courcel, am 29. November 1962 den Vertrag zur gemeinsamen Entwicklung eines britisch-französischen Überschall-Verkehrsflugzeuges unterzeichneten. Das Projekt »Concorde« war damit offiziell aus der Taufe gehoben. Entgegen den Erwartungen seiner Initiatoren flog der gemeinsame Traum von Flugreisen mit zweifacher Schallgeschwindigkeit von Anbeginn durch schwere Turbulenzen. Politischer Dissens zwischen Frankreich und Großbritannien, eine britische Finanzkrise sowie die 68'er Studentenrevolte in Frankreich waren nur drei von vielen Ereignissen, die das Gemeinschaftsprojekt noch vor dem Erstflug des Prototypen ins Trudeln brachten. Am Ende war es die Beharrlichkeit der Politik, allen voran des französischen Präsidenten

HERSTELLER	BRITISH AIRCRAFT CORPORATION, FILTON, GROSSBRITANNIEN / SUD AVIATION, TOULOUSE, FRANKREICH
ERSTFLUG	02.03.1969
GEBAUTE EXEMPLARE	20
SPANNWEITE	25,60 m
LÄNGE	61,66 m
HÖHE	12,20 m
MOTOREN	4 X ROLLS-ROYCE / SNECMA »OLYMPUS« 593 MK. 610
REISEGESCHWINDIGKEIT	Ca. 2.100 km/h
REICHWEITE	Ca. 7.000 km
BESATZUNG	3 (COCKPIT)

Charles de Gaulle, die das Projekt auf Kurs hielt.

Die britisch-französische Kooperation beschränkte sich nicht auf die Flugzeugzelle und Systeme, die von BAC (40%) auf britischer Seite sowie Aerospatiale (60%) in Frankreich gebaut wurden. Eine ebensolche bilaterale Kooperation bestand zwischen Rolls-Royce (60%) sowie der französischen Snecma (40%) bei Entwicklung und Produktion des Olympus 593 Turbojet-Antriebs. Unter dem Strich wurden alle Kosten für das Gesamtprojekt vom französischen und britischen Staat je zur Hälfte getragen.

Der Roll-Out Zeremonie des Prototypen 001 im französischen Toulouse am 13. Dezember 1967 folgten die Erstflüge in Toulouse am 2. März 1969 sowie im britischen Filton (Prototyp 002) am 9. April 1969.

Die kommerzielle Zukunft der »Concorde« schien zunächst vielversprechend, nachdem Pan American bereits am 4. Juni 1963 eine Kaufabsichtserklärung für sechs Exemplare unterzeichnet hatte. Andere nordamerikanische Airlines, wie Air Canada, TWA, United, American Airlines, Eastern, Braniff und Continental folgten. Die libanesische Middle East Airlines, Air India, Sabena, Japan Air Lines und die australische Qantas planten ebenso einen »Concorde«-Flugdienst, wie die rotchinesische CAAC. Sie hatte, wie Iran Air, eine Kaufabsichtserklärung über zusammen fünf Maschinen unterschrieben. Und selbst die Lufthansa hatte sich Optionen für je drei »Concorde« und Boeing 2707 Überschalljets gesichert.

Am Ende blieb es jedoch bei den von Air France und BOAC / British Airways bestellten Exemplaren. Die Weigerung von Pan Am im Jahr 1973, ihren »Concorde«-Vorvertrag in eine feste Order zu verwandeln, hatte eine Lawine von Abbestellungen ausgelöst. Wirkte sich ihr Interesse an dem Projekt anfangs noch positiv auf die Verkaufszahlen aus – kehrte sich dieser Effekt nun zum Nachteil der »Concorde« um. So erwies sich die Trendsetter-Rolle der führenden US-amerikanischen Fluglinie gleichsam als Fluch und Segen. Einzig die beiden staatlichen Fluglinien Frankreichs und Großbritanniens blieben dem Projekt aus nationalen Prestigegründen verbunden. Insgesamt wurden 20 »Concorde« produziert, von denen British Airways sieben, und Air France fünf Exemplare im Laufe der Jahre im Linienverkehr einsetzten.

Am 24. Mai 1976 hoben je eine »Concorde« der Air France und British Airways in Paris und London zum Jungfernflug in die amerikanische Hauptstadt Washington D.C. ab. Das Überschallzeitalter des zivilen Luftverkehrs hatte begonnen. Tausende Amerikaner hatten sich in Vorfreude auf dieses historische Ereignis rund um den Dulles Airport vor den Toren der Stadt mit bester Sicht auf die Landebahn positioniert und damit aber auch sämtliche Zufahrtstrassen zum Flughafen blockiert. Schnell folgten mit New York, Rio de Janeiro, Dakar, Bahrain und Singapur weitere Destinationen. Letztere auch in Kooperation mit Singapore Airlines, die teilweise in einer kombinierten British Airways / Singapore Airlines Lackierung geflogen wurden.

Die USA erlebten eine kleine »Concorde«-Renaissance, als die US-Fluglinie Braniff von Januar 1979 bis Juni 1980 inneramerikanische »Concorde«-Flüge zwischen Washington D.C. und ihrem Hub am Flughafen Dalls-Fort Worth anbot. Zum Einsatz kamen sowohl Maschinen der Air France, als auch jene der British Airways. Für jeden einzelnen Flug über US-Territorium erwarb Braniff pro forma das eingesetzte Flugzeug, das auch für diese Zeit eine amerikanische »N«-Registrierung erhielt. Auch die Cockpit- und Kabinen-Besatzungen wurden für die US-Strecke von Braniff gestellt. Zum Erstaunen der Airline blieb die Nachfrage hinter den Erwartungen weit zurück. Und dies, obwohl ein Flug mit der »Concorde« nicht mehr kostete als der reguläre First Class-Tarif. So musste Braniff notgedrungen dieses Experiment nach anderthalb Jahren aus wirtschaftlichen Gründen wieder einstellen.

Nach dem tragischen Unfall einer Air France-Maschine am 25. Juli 2000 wurde dem Flugzeugmuster zunächst die Typenzulassung entzogen und erst nach einer umfangreichen Flugunfalluntersuchung sowie angeordneten Modifikationen im September 2001 erneut erteilt. Das Maßnahmenpaket umfasste eine Auskleidung der Tragflächentanks mit einem vor äußeren Beschädigungen schützenden Kevlar-Gewebe, den Einbau neu entwickelter robusterer Reifen sowie besser isolierter elektrischer Leitungen. Ab dem 7. November des Jahres kehrten vier Air France und fünf British Airways »Concordes« in den Liniendienst zurück. Dies nur zwei Monate nach den Anschlägen in New York und Washington D.C, die als »11. September« in die Geschichtsbücher eingingen. Die Reiselust war zu jenem Zeitpunkt auch dem illustren

Das Cockpit der »Concorde« war optimal für den täglichen
Überschall-Luftverkehr ausgelegt. (British Airways)

Stammpublikum der »Concorde« vergangen. In Kombination mit dem Platzen der »Dotcom«-Spekulationsblase rund um Technologiefirmen an den globalen Börsen, was eine weltweite Wirtschaftskrise verursachte, verschärfte sich die finanzielle Lage des Überschall-Flugbetriebs auf dramatische Weise. Und so dauerte es keine zwei Jahre, bis beide Airlines eine Ausmusterung ihrer kostspieligen Prestigeobjekte in Angriff nahmen.

Nachdem Air France ihre letzte »Concorde« bereits am 31. Mai 2003 stillgelegt hatte, ging am 24. Oktober des Jahres die Überschall-Ära auch bei British Airways endgültig zu Ende. Hoffnung auf eine Fortsetzung des Flugbetriebs keimte auf, als der britische Multimilliardär und Unternehmer Richard Branson British Airways das Angebot unterbreitete, deren sieben »Concorde« zum symbolischen Preis von je einem britischen Pfund zu übernehmen – und die Flugzeuge profitabel weiter zu betreiben. Vielleicht war es aber auch nur ein Marketing-Bluff, dessen negative Antwort aus dem British Airways-Firmensitz Branson schon vorausahnen konnte. Zum Verdruss der weltweiten »Concorde«-Fangemeinde kam Richard Branson leider nicht in die Verlegenheit, sein großes Versprechen einzulösen zu müssen. Auch andere, bis in die Gegenwart reichende Bemühungen, wenigstens eine »Concorde« als Traditionsflugzeug wieder startklar zu machen, sind bislang am Veto aller beteiligten Parteien gescheitert.

Diese Aufnahmen zeigen die Kabineneinrichtung einer British Airways »Concorde« in den 70er Jahren. (British Airways)

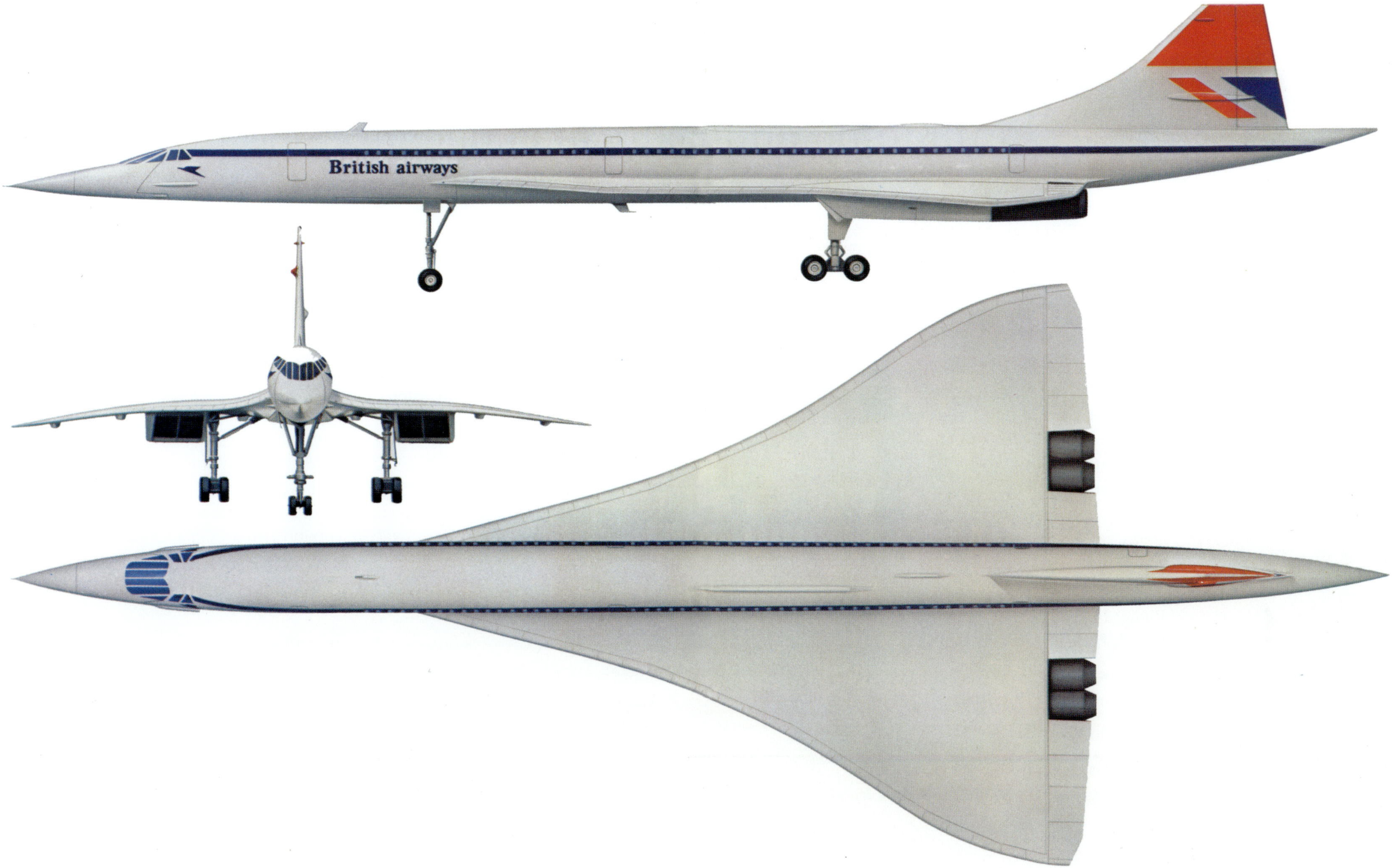

Drei-Seiten-Ansicht der Concorde. (British Airways)

DANKSAGUNG

Ich bedanke mich an dieser Stelle ganz herzlich für die Unterstützung mit Informationen, Dokumenten, Fotomaterial sowie Rat und Tat bei folgenden Personen und Institutionen (in alphabetischer Reihenfolge):

Sebastian Barheier

Thomas Erich

David Gorri Gil
www.tu144sst.com

Richard Hunt
(South African Airways Museum Society, Südafrika)

Carola Kapitza
(Unternehmensarchiv Deutsche Lufthansa AG)

Mark Makarowsky

Yolanda Meyer
(Transnet Heritage Foundation, Südafrika)

Michelle Morgans
(Royal Air Force Museum Cosford. Großbritannien)

Christopher Profitlich
(Elbe Flugzeugwerke GmbH)

Pressestelle der Flughafen Berlin Brandenburg GmbH

Dave Robinson
www.aviationancestry.co.uk

Alistair White

John-Austin Williams
(South African Airways Museum Society, Südafrika)

Mein ganz besonderer Dank gilt meiner geliebten Ehefrau Carol, die mich auf so großartige Weise bei der Entstehung dieses Buches unterstützt und motiviert hat.

Dank auch an Alexander Burden vom Motorbuch Verlag für die Anregung zu dem Projekt sowie Günther Nord für die wie immer ausgezeichnete Umsetzung.

EIN LEBEN FÜR DIE FLIEGEREI

VITA WOLFGANG BORGMANN

Spannend und fachkundig erzählte Bücher rund um die faszinierendsten Aspekte der Fliegerei sind das Markenzeichen des Autors Wolfgang Borgmann. Seine Begeisterung für die Fliegerei wurde ihm von seinen in der Luftfahrt tätigen Eltern quasi in die Wiege gelegt. Schon in jungen Jahren begann er mit dem Aufbau einer luftfahrthistorischen Sammlung, die zahlreiche seltene Fotos und Dokumente sowie spannende Hintergrundinformationen für seine Werke liefert.

Nach einem Volontariat, gefolgt von Festanstellungen bei Fachmagazinen sowie einer Luftfahrt PR-Agentur, ist Wolfgang Borgmann seit April 2000 als Buchautor und freier Luftfahrtjournalist selbständig tätig.

Bereits mit seinen Projekten »Das Goldene Zeitalter des Luftverkehrs«, »Flug in die Vergangenheit«, »Ikonen der Luftfahrt« und »Klassische Propliner« gewährte Wolfgang Borgmann faszinierende Einblicke in die Historie des Luftverkehrs. Daran knüpft sein fünfter Nostalgieband »Legendäre Jetliner« an, der ebenfalls zu einer Reise in die Vergangenheit einlädt. Diesmal liegt der Fokus auf den Düsenverkehrsflugzeugen der ersten Stunde und den sie umrankenden Geschichten. Reich bebildert, sorgen diese Meilensteine der Zivilluftfahrt erneut für spannenden Lesestoff.

Buchautor Wolfgang Borgmann im Cockpit eines Boeing »Stratocruiser«.